U0250181

"十四五"时期国家重点出版物出版专项规划项目

中国建造关键技术创新与应用丛书

国家出版基金项目
NATIONAL PUBLICATION FOUNDATION

医院工程建造关键施工技术

肖绪文　蒋立红　张晶波　黄　刚　等　编

中国建筑工业出版社

图书在版编目（CIP）数据

医院工程建造关键施工技术 / 肖绪文等编. — 北京：中国建筑工业出版社，2023.12
（中国建造关键技术创新与应用丛书）
ISBN 978-7-112-29456-5

Ⅰ. ①医… Ⅱ. ①肖… Ⅲ. ①医院－工程施工 Ⅳ.
①TU246.1

中国国家版本馆 CIP 数据核字（2023）第 244586 号

　　本书结合实际医院建筑工程建设情况，收集大量相关资料，对医院建筑工程的建设特点、施工技术、施工管理等进行系统、全面的统计，加以提炼，通过已建项目的施工经验，紧抓医院建筑工程的特点以及施工技术难点，从医院建筑工程的功能形态特征、关键施工技术、专业施工技术三个层面进行研究，形成一套系统的医院建筑建造技术，并遵循集成技术开发思路，围绕医院建筑建设，分篇章对其进行总结介绍，共包括 7 项关键技术，7 项专项技术，并且提供 15 个工程案例辅以说明。本书适合于建筑施工领域技术、管理人员参考使用。

责任编辑：高　悦　范业庶　万　李
责任校对：姜小莲
校对整理：李辰馨

中国建造关键技术创新与应用丛书
医院工程建造关键施工技术
肖绪文　蒋立红　张晶波　黄　刚　等　编

*

中国建筑工业出版社出版、发行（北京海淀三里河路 9 号）
各地新华书店、建筑书店经销
北京红光制版公司制版
北京中科印刷有限公司印刷

*

开本：787 毫米×960 毫米　1/16　印张：16¼　字数：278 千字
2023 年 12 月第一版　　2023 年 12 月第一次印刷
定价：**55.00** 元
ISBN 978-7-112-29456-5
（41968）

《中国建造关键技术创新与应用丛书》
编 委 会

《医院工程建造关键施工技术》
编　委　会

4

《中国建造关键技术创新与应用丛书》
编者的话

一、初心

"十三五"期间，我国建筑业改革发展成效显著，全国建筑业增加值年均增长 5.1%，占国内生产总值比重保持在 6.9% 以上。2022 年，全国建筑业总产值近 31.2 万亿元，房屋施工面积 156.45 亿 m^2，建筑业从业人数 5184 万人。建筑业作为国民经济支柱产业的作用不断增强，为促进经济增长、缓解社会就业压力、推进新型城镇化建设、保障和改善人民生活作出了重要贡献，中国建造也与中国创造、中国制造共同发力，不断改变着中国面貌。

建筑业在为社会发展作出巨大贡献的同时，仍然存在资源浪费、环境污染、碳排放高、作业条件差等显著问题，建筑行业工程质量发展不平衡不充分的矛盾依然存在，随着国民生活水平的快速提升，全面建成小康社会也对工程建设产品和服务提出了新的要求，因此，建筑业实现高质量发展更为重要紧迫。

众所周知，工程建造是工程立项、工程设计与工程施工的总称，其中，对于建筑施工企业，更多涉及的是工程施工活动。在不同类型建筑的施工过程中，由于工艺方法、作业人员水平、管理质量的不同，导致建筑品质总体不高、工程质量事故时有发生。因此，亟须建筑施工行业，针对各种不同类别的建筑进行系统集成技术研究，形成成套施工技术，指导工程实践，以提高工程品质，保障工程安全。

中国建筑集团有限公司（简称"中建集团"），是我国专业化发展最久、市场化经营最早、一体化程度最高、全球规模最大的投资建设集团。2022 年，中建集团位居《财富》"世界 500 强"榜单第 9 位，连续位列《财富》"中国 500 强"前 3 名，稳居《工程新闻记录》（ENR）"全球最大 250 家工程承包商"榜单首位，连续获得标普、穆迪、惠誉三大评级机构 A 级信用评级。近年来，随着我国城市化进程的快速推进和经济水平的迅速增长，中建集团下属各单位在航站楼、会展建筑、体育场馆、大型办公建筑、医院、制药厂、污水处理厂、居住建筑、建筑工程装饰装修、城市综合管廊等方面，承接了一大批国内外具有代表性的地标性工程，积累了丰富的施工管理经验，针对具体施工工艺，研究形成了许多卓有成效的新型施工技术，成果应用效果明显。然而，这些成果仍然分散在各个单位，应用水平参差不齐，难能实现资源共享，更不能在行业中得到广泛应用。

基于此，一个想法跃然而生：集中中建集团技术力量，将上述施工技术进行集成研究，形成针对不同工程类型的成套施工技术，可以为工程建设提供全方位指导和借鉴作用，为提升建筑行业施工技术整体水平起到至关重要的促进作用。

二、实施

初步想法形成以后，如何实施，怎样达到预期目标，仍然存在诸多困难：一是海量的工程数据和技术方案过于繁杂，资料收集整理工程量巨大；二是针对不同类型的建筑，如何进行归类、分析，形成相对标准化的技术集成，有效指导基层工程技术人员的工作难度很大；三是该项工作标准要求高，任务周期长，如何组建团队，并有效地组织完成这个艰巨的任务面临巨大挑战。

随着国家科技创新力度的持续加大和中建集团的高速发展，我们的想法得到了集团领导的大力支持，集团决定投入专项研发经费，对科技系统下达了针对"房屋建筑、污水处理和管廊等工程施工开展系列集成技术研究"的任务。

接到任务以后，如何出色完成呢？

首先是具体落实"谁来干"的问题。我们分析了集团下属各单位长期以来在该领域的技术优势，并在广泛征求意见的基础上，确定了"在集团总部主导下，以工程技术优势作为相应工程类别的课题牵头单位"的课题分工原则。具体分工是：中建八局负责航站楼；中建五局负责会展建筑；中建三局负责体育场馆；中建四局负责大型办公建筑；中建一局负责医院；中建二局负责制药厂；中建六局负责污水处理厂；中建七局负责居住建筑；中建装饰负责建筑装饰装修；中建集团技术中心负责城市综合管廊建筑。组建形成了由集团下属二级单位总工程师作课题负责人，相关工程项目经理和总工程师为主要研究人员，总人数达 300 余人的项目科研团队。

其次是确定技术路线，明确如何干的问题。通过对各类建筑的施工组织设计、施工方案和技术交底等指导施工的各类文件的分析研究发现，工程施工项目虽然千差万别，但同类技术文件的结构大多相同，内容的重复性大多占有主导地位，因此，对这些文件进行标准化处理，把共性技术和内容固化下来，这将使复杂的投标方案、施工组织设计、施工方案和技术交底等文件的编制变得相对简单。

根据之前的想法，结合集团的研发布局，初步确定该项目的研发思路为：全面收集中建集团及其所属单位完成的航站楼、会展建筑、体育场馆、大型办公建筑、医院、制药厂、污水处理厂、居住建筑、建筑工程装饰装修、城市综合管廊十大系列项目的所有资料，分析各类建筑的施工特点，总结其施工组织和部署的内在规律，提出该类建筑的技术对策。同时，对十大系列项目的施工组织设计、施工方案、工法等技术资源进行收集和梳理，将其系统化、标准化，以指导相应的工程项目投标和实施，提高项目运行的效率及质量。据此，针对不同工程特点选择适当的方案和技术是一种相对高效的方法，可有效减少工程项目技术人员从事繁杂的重复性劳动。

项目研究总体分为三个阶段：

第一阶段是各类技术资源的收集整理。项目组各成员对中建集团所有施工项目进行资料收集，并分类筛选。累计收集各类技术标文件 381 份，施工组织设计 269 份，项目施工图 206 套，施工方案 3564 篇，工法 547 项，专利 241 篇，论文若干，充分涵盖了十大类工程项目的施工技术。

第二阶段是对相应类型工程项目进行分析研究。由课题负责人牵头，集合集团专业技术人员优势能力，完成对不同类别工程项目的分析，识别工程特点难点，对关键技术、专项技术和一般技术进行分类，找出相应规律，形成相应工程实施的总体部署要点和组织方法。

第三阶段是技术标准化。针对不同类型工程项目的特点，对提炼形成的关键施工技术和专项施工技术进行系统化和规范化，对技术资料进行统一性要求，并制作相关文档资料和视频影像数据库。

基于科研项目层面，对课题完成情况进行深化研究和进一步凝练，最终通过工程示范，检验成果的可实施性和有效性。

通过五年多时间，各单位按照总体要求，研编形成了本套丛书。

三、成果

十年磨剑终成锋，根据系列集成技术的研究报告整理形成的本套丛书终将面世。丛书依据工程功能类型分为：航站楼、会展建筑、体育场馆、大型办公建筑、医院、制药厂、污水处理厂、居住建筑、建筑工程装饰装修、城市综合管廊十大系列，每一系列单独成册，每册包含概述、功能形态特征研究、关键技术研究、专项技术研究和工程案例五个章节。其中，概述章节主要介绍项目的发展概况和研究简介；功能形态特征研究章节对项目的特点、施工难点进行了分析；关键技术研究和专项技术研究章节针对项目施工过程中各类创新技术进行了分类总结提炼；工程案例章节展现了截至目前最新完成的典型工程项目。

1.《航站楼工程建造关键施工技术》

随着经济的发展和国家对基础设施投资的增加，机场建设成为国家投资的重点，机场除了承担其交通作用外，往往还肩负着代表一个城市形象、体现地区文化内涵的重任。该分册集成了国内近十年绝大多数大型机场的施工技术，提炼总结了针对航站楼的 17 项关键施工技术、9 项专项施工技术。同时，形成省部级工法 33 项、企业工法 10 项，获得专利授权 36 项，发表论文 48 篇，收录典型工程实例 20 个。

针对航站楼工程智能化程度要求高、建筑平面尺寸大等重难点，总结了17 项关键施工技术：

- 装配式塔式起重机基础技术
- 机场航站楼超大承台施工技术
- 航站楼钢屋盖滑移施工技术

- 航站楼大跨度非稳定性空间钢管桁架"三段式"安装技术

- 航站楼"跨外吊装、拼装胎架滑移、分片就位"施工技术

- 航站楼大跨度等截面倒三角弧形空间钢管桁架拼装技术

- 航站楼大跨度变截面倒三角空间钢管桁架拼装技术

- 高大侧墙整体拼装式滑移模板施工技术

- 航站楼大面积曲面屋面系统施工技术

- 后浇带与膨胀剂综合用于超长混凝土结构施工技术

- 跳仓法用于超长混凝土结构施工技术

- 超长、大跨、大面积连续预应力梁板施工技术

- 重型盘扣架体在大跨度渐变拱形结构施工中的应用

- BIM机场航站楼施工技术

- 信息系统技术

- 行李处理系统施工技术

- 安检信息管理系统施工技术

针对屋盖造型奇特、机电信息系统复杂等特点，总结了9项专项施工技术：

- 航站楼钢柱混凝土顶升浇筑施工技术

- 隔震垫安装技术

- 大面积回填土注浆处理技术

- 厚钢板异形件下料技术

- 高强度螺栓施工、检测技术

- 航班信息显示系统（含闭路电视系统、时钟系统）施工技术

- 公共广播、内通及时钟系统施工技术

- 行李分拣机安装技术

- 航站楼工程不停航施工技术

2.《会展建筑工程建造关键施工技术》

随着经济全球化进一步加速，各国之间的经济、技术、贸易、文化等往来日益频繁，为会展业的发展提供了巨大的机遇，会展业涉及的范围越来越广，

规模越来越大，档次越来越高，在社会经济中的影响也越来越大。该分册集成了30余个会展建筑的施工技术，提炼总结了针对会展建筑的11项关键施工技术、12项专项施工技术。同时，形成国家标准1部、施工技术交底102项、工法41项、专利90项，发表论文129篇，收录典型工程实例6个。

针对会展建筑功能空间大、组合形式多、屋面造型新颖独特等特点，总结了11项关键施工技术：

- 大型复杂建筑群主轴线相关性控制施工技术
- 轻型井点降水施工技术
- 吹填砂地基超大基坑水位控制技术
- 超长混凝土墙面无缝施工及综合抗裂技术
- 大面积钢筋混凝土地面无缝施工技术
- 大面积钢结构整体提升技术
- 大跨度空间钢结构累积滑移技术
- 大跨度钢结构旋转滑移施工技术
- 钢骨架玻璃幕墙设计施工技术
- 拉索式玻璃幕墙设计施工技术
- 可开启式天窗施工技术

针对测量定位、大跨度（钢）结构、复杂幕墙施工等重难点，总结了12项专项施工技术：

- 大面积软弱地基处理技术
- 大跨度混凝土结构预应力技术
- 复杂空间钢结构高空原位散件拼装技术
- 穹顶钢—索膜结构安装施工技术
- 大面积金属屋面安装技术
- 金属屋面节点防水施工技术
- 大面积屋面虹吸排水系统施工技术
- 大面积异形地面铺贴技术

- 大空间吊顶施工技术
- 大面积承重耐磨地面施工技术
- 饰面混凝土技术
- 会展建筑机电安装联合支吊架施工技术

3.《体育场馆工程建造关键施工技术》

体育比赛现今作为国际政治、文化交流的一种依托，越来越受到重视，同时，我国体育事业的迅速发展，带动了体育场馆的建设。该分册集成了中建集团及其所属企业完成的绝大多数体育场馆的施工技术，提炼总结了针对体育场馆的 16 项关键施工技术、17 项专项施工技术。同时，形成国家级工法 15 项、省部级工法 32 项、企业工法 26 项、专利 21 项，发表论文 28 篇，收录典型工程实例 15 个。

为了满足各项赛事的场地高标准需求（如赛场平整度、光线满足度、转播需求等），总结了 16 项关键施工技术：

- 复杂（异形）空间屋面钢结构测量及变形监测技术
- 体育场看台依山而建施工技术
- 大截面 Y 形柱施工技术
- 变截面 Y 形柱施工技术
- 高空大直径组合式 V 形钢管混凝土柱施工技术
- 异形尖劈柱施工技术
- 永久模板混凝土斜扭柱施工技术
- 大型预应力环梁施工技术
- 大悬挑钢桁架预应力拉索施工技术
- 大跨度钢结构滑移施工技术
- 大跨度钢结构整体提升技术
- 大跨度钢结构卸载技术
- 支撑胎架设计与施工技术
- 复杂空间管桁架结构现场拼装技术

- 复杂空间异形钢结构焊接技术

- ETFE 膜结构施工技术

为了更好地满足观赛人员的舒适度，针对体育场馆大跨度、大空间、大悬挑等特点，总结了 17 项专项施工技术：

- 高支模施工技术

- 体育馆木地板施工技术

- 游泳池结构尺寸控制技术

- 射击馆噪声控制技术

- 体育馆人工冰场施工技术

- 网球场施工技术

- 塑胶跑道施工技术

- 足球场草坪施工技术

- 国际马术比赛场施工技术

- 体育馆吸声墙施工技术

- 体育场馆场地照明施工技术

- 显示屏安装技术

- 体育场馆智能化系统集成施工技术

- 耗能支撑加固安装技术

- 大面积看台防水装饰一体化施工技术

- 体育场馆标识系统制作及安装技术

- 大面积无损拆除技术

4.《大型办公建筑工程建造关键施工技术》

随着现代城市建设和城市综合开发的大幅度前进，一些大城市尤其是较为开放的城市在新城区规划设计中，均加入了办公建筑及其附属设施（即中央商务区/CBD）。该分册全面收集和集成了中建集团及其所属企业完成的大型办公建筑的施工技术，提炼总结了针对大型办公建筑的 16 项关键施工技术、28 项专项施工技术。同时，形成适用于大型办公建筑施工的专利共 53 项、工法 12

项，发表论文 65 篇，收录典型工程实例 9 个。

针对大型办公建筑施工重难点，总结了 16 项关键施工技术：

- 大吨位长行程油缸整体顶升模板技术
- 箱形基础大体积混凝土施工技术
- 密排互嵌式挖孔方桩墙逆作施工技术
- 无粘结预应力抗拔桩桩侧后注浆技术
- 斜扭钢管混凝土柱抗剪环形梁施工技术
- 真空预压＋堆载振动碾压加固软弱地基施工技术
- 混凝土支撑梁减振降噪微差控制爆破拆除施工技术
- 大直径逆作板墙深井扩底灌注桩施工技术
- 超厚大斜率钢筋混凝土剪力墙爬模施工技术
- 全螺栓无焊接工艺爬升式塔式起重机支撑牛腿支座施工技术
- 直登顶模平台双标准节施工电梯施工技术
- 超高层高适应性绿色混凝土施工技术
- 超高层不对称钢悬挂结构施工技术
- 超高层钢管混凝土大截面圆柱外挂网抹浆防护层施工技术
- 低压喷涂绿色高效防水剂施工技术
- 地下室梁板与内支撑合一施工技术

为了更好利用城市核心区域的土地空间，打造高端的知名品牌，大型办公建筑一般为高层或超高层项目，基于此，总结了 28 项专项施工技术：

- 大型地下室综合施工技术
- 高精度超高测量施工技术
- 自密实混凝土技术
- 超高层导轨式液压爬模施工技术
- 厚钢板超长立焊缝焊接技术
- 超大截面钢柱陶瓷复合防火涂料施工技术
- PVC 中空内模水泥隔墙施工技术

- 附着式塔式起重机自爬升施工技术

- 超高层建筑施工垂直运输技术

- 管理信息化应用技术

- BIM 施工技术

- 幕墙施工新技术

- 建筑节能新技术

- 冷却塔的降噪施工技术

- 空调水蓄冷系统蓄冷水池保温、防水及均流器施工技术

- 超高层高适应性混凝土技术

- 超高性能混凝土的超高泵送技术

- 超高层施工期垂直运输大型设备技术

- 基于 BIM 的施工总承包管理系统技术

- 复杂多角度斜屋面复合承压板技术

- 基于 BIM 的钢结构预拼装技术

- 深基坑旧改项目利用旧地下结构作为支撑体系换撑快速施工技术

- 新型免立杆铝模支撑体系施工技术

- 工具式定型化施工电梯超长接料平台施工技术

- 预制装配化压重式塔式起重机基础施工技术

- 复杂异形蜂窝状高层钢结构的施工技术

- 中风化泥质白云岩大筏形基础直壁开挖施工技术

- 深基坑双排双液注浆止水帷幕施工技术

5.《医院工程建造关键施工技术》

由于我国医疗卫生事业的发展，许多医院都先后进入"改善医疗环境"的建设阶段，各地都在积极改造原有医院或兴建新型的现代医疗建筑。该分册集成了中建集团及其所属企业完成的医院的施工技术，提炼总结了针对医院的 7 项关键施工技术、7 项专项施工技术。同时，形成工法 13 项，发表论文 7 篇，收录典型工程实例 15 个。

针对医院各功能板块的使用要求，总结了 7 项关键施工技术：

- 洁净施工技术
- 防辐射施工技术
- 医院智能化控制技术
- 医用气体系统施工技术
- 酚醛树脂板干挂法施工技术
- 橡胶卷材地面施工技术
- 内置钢丝网架保温板（IPS 板）现浇混凝土剪力墙施工技术

针对医院特有的洁净要求及通风光线需求，总结了 7 项专项施工技术：

- 给水排水、污水处埋施工技术
- 机电工程施工技术
- 外墙保温装饰一体化板粘贴施工技术
- 双管法高压旋喷桩加固抗软弱层位移施工技术
- 构造柱铝合金模板施工技术
- 多层钢结构双向滑动支座安装技术
- 多曲神经元网壳钢架加工与安装技术

6.《制药厂工程建造关键施工技术》

随着人民生活水平的提高，对药品质量的要求也日益提高，制药厂越来越多。该分册集成了 15 个制药厂的施工技术，提炼总结了针对制药厂的 6 项关键施工技术、4 项专项施工技术。同时，形成论文和总结 18 篇、施工工艺标准 9 篇，收录典型工程实例 6 个。

针对制药厂高洁净度的要求，总结了 6 项关键施工技术：

- 地面铺贴施工技术
- 金属壁施工技术
- 吊顶施工技术
- 洁净环境净化空调技术
- 洁净厂房的公用动力设施

- 洁净厂房的其他机电安装关键技术

针对洁净环境的装饰装修、机电安装等功能需求，总结了 4 项专项施工技术：

- 洁净厂房锅炉安装技术
- 洁净厂房污水、有毒液体处理净化技术
- 洁净厂房超精地坪施工技术
- 制药厂防水、防潮技术

7.《污水处理厂工程建造关键施工技术》

节能减排是当今世界发展的潮流，也是我国国家战略的重要组成部分，随着城市污水排放总量逐年增多，污水处理厂也越来越多。该分册集成了中建集团及其所属企业完成的污水处理厂的施工技术，提炼总结了针对污水处理厂的 13 项关键施工技术、4 项专项施工技术。同时，形成国家级工法 3 项、省部级工法 8 项，申请国家专利 14 项，发表论文 30 篇，完成著作 2 部，QC 成果获国家建设工程优秀质量管理小组 2 项，形成企业标准 1 部、行业规范 1 部，收录典型工程实例 6 个。

针对不同污水处理工艺和设备，总结了 13 项关键施工技术：

- 超大面积、超薄无粘结预应力混凝土施工技术
- 异形沉井施工技术
- 环形池壁无粘结预应力混凝土施工技术
- 超高独立式无粘结预应力池壁模板及支撑系统施工技术
- 顶管施工技术
- 污水环境下混凝土防腐施工技术
- 超长超高剪力墙钢筋保护层厚度控制技术
- 封闭空间内大方量梯形截面素混凝土二次浇筑施工技术
- 有水管道新旧钢管接驳施工技术
- 乙丙共聚蜂窝式斜管在沉淀池中的应用技术
- 滤池内滤板模板及曝气头的安装技术

- 水工构筑物橡胶止水带引发缝施工技术

- 卵形消化池综合施工技术

为了满足污水处理厂反应池的结构要求，总结了 4 项专项施工技术：

- 大型露天水池施工技术

- 设备安装技术

- 管道安装技术

- 防水防腐涂料施工技术

8.《居住建筑工程建造关键施工技术》

在现代社会的城市建设中，居住建筑是占比最大的建筑类型，近年来，全国城乡住宅每年竣工面积达到 12 亿～14 亿 m²，投资额接近万亿元，约占全社会固定资产投资的 20%。该分册集成了中建集团及其所属企业完成的居住建筑的施工技术，提炼总结了居住建筑的 13 项关键施工技术、10 项专项施工技术。同时，形成国家级工法 8 项、省部级工法 23 项；申请国家专利 38 项，其中发明专利 3 项；发表论文 16 篇；收录典型工程实例 7 个。

针对居住建筑的分部分项工程，总结了 13 项关键施工技术：

- SI 住宅配筋清水混凝土砌块砌体施工技术

- SI 住宅干式内装系统墙体管线分离施工技术

- 装配整体式约束浆锚剪力墙结构住宅节点连接施工技术

- 装配式环筋扣合锚接混凝土剪力墙结构体系施工技术

- 地源热泵施工技术

- 顶棚供暖制冷施工技术

- 置换式新风系统施工技术

- 智能家居系统

- 预制保温外墙免支模一体化技术

- CL 保温一体化与铝模板相结合施工技术

- 基于铝模板爬架体系外立面快速建造施工技术

- 强弱电箱预制混凝土配块施工技术

- 居住建筑各功能空间的主要施工技术

10 项专项施工技术包括：

- 结构基础质量通病防治

- 混凝土结构质量通病防治

- 钢结构质量通病防治

- 砖砌体质量通病防治

- 模板工程质量通病防治

- 屋面质量通病防治

- 防水质量通病防治

- 装饰装修质量通病防治

- 幕墙质量通病防治

- 建筑外墙外保温质量通病防治

9.《建筑工程装饰装修关键施工技术》

随着国民消费需求的不断升级和分化，我国的酒店业正在向着更加多元的方向发展，酒店也从最初的满足住宿功能阶段发展到综合提升用户体验的阶段。该分册集成了中建集团及其所属企业完成的高档酒店装饰装修的施工技术，提炼总结了建筑工程装饰装修的 7 项关键施工技术、7 项专项施工技术。同时，形成工法 23 项；申请国家专利 15 项，其中发明专利 2 项；发表论文 9 篇；收录典型工程实例 14 个。

针对不同装饰部位及工艺的特点，总结了 7 项关键施工技术：

- 多层木造型艺术墙施工技术

- 钢结构玻璃罩扣幻光穹顶施工技术

- 整体异形（透光）人造石施工技术

- 垂直水幕系统施工技术

- 高层井道系统轻钢龙骨石膏板隔墙施工技术

- 锈面钢板施工技术

- 隔振地台施工技术

为了提升住户体验，总结了 7 项专项施工技术：

- 地面工程施工技术
- 吊顶工程施工技术
- 轻质隔墙工程施工技术
- 涂饰工程施工技术
- 裱糊与软包工程施工技术
- 细部工程施工技术
- 隔声降噪施工关键技术

10.《城市综合管廊工程建造关键施工技术》

为了提高城市综合承载力，解决城市交通拥堵问题，同时方便电力、通信、燃气、供排水等市政设施的维护和检修，城市综合管廊越来越多。该分册集成了中建集团及其所属企业完成的城市综合管廊的施工技术，提炼总结了 10 项关键施工技术、10 项专项施工技术，收录典型工程实例 8 个。

针对城市综合管廊不同的施工方式，总结了 10 项关键施工技术：

- 模架滑移施工技术
- 分离式模板台车技术
- 节段预制拼装技术
- 分块预制装配技术
- 叠合预制装配技术
- 综合管廊盾构过节点井施工技术
- 预制顶推管廊施工技术
- 哈芬槽预埋施工技术
- 受限空间管道快速安装技术
- 预拌流态填筑料施工技术

10 项专项施工技术包括：

- U 形盾构施工技术
- 两墙合一的预制装配技术

- 大节段预制装配技术

- 装配式钢制管廊施工技术

- 竹缠绕管廊施工技术

- 喷涂速凝橡胶沥青防水涂料施工技术

- 火灾自动报警系统安装技术

- 智慧线＋机器人自动巡检系统施工技术

- 半预制装配技术

- 内部分舱结构施工技术

四、感谢与期望

该项科技研发项目针对十大类工程形成的系列集成技术，是中建集团多年来经验和优势的体现，在一定程度上展示了中建集团的综合技术实力和管理水平。

不忘初心，牢记使命。希望通过本套丛书的出版发行，一方面可帮助企业减轻投标文件及实施性技术文件的编制工作量，提升效率；另一方面为企业生产专业化、管理标准化提供技术支撑，进而逐步改变施工企业之间技术发展不均衡的局面，促进我国建筑业高质量发展。

在此，非常感谢奉献自己研究成果，并付出巨大努力的相关单位和广大技术人员，同时要感谢在系列集成技术研究成果基础上，为编撰本套丛书提供支持和帮助的行业专家。我们愿意与各位行业同仁一起，持续探索，为中国建筑业的发展贡献微薄之力。

考虑到本项目研究涉及面广，研究时间持续较长，研究人员变化较大，研究水平也存在较大差异，我们在出版前期尽管做了许多完善凝练的工作，但还是存在许多不尽如意之处，诚请业内专家斧正，我们不胜感激。

编委会

北京　2023 年

前　　言

随着医疗卫生事业的发展，我国已进入现代医院发展时期，各地医院都在积极改造既有建筑或兴建新型的现代医疗建筑。集成医疗、教学、科研等多功能的医学中心是现代大型综合医院的发展趋势，现代医院的功能、医疗技术和医疗服务理念的变化对建筑技术的发展提出了新的要求。

为更好地服务和促进医院建设发展，中国建筑集团有限公司组织骨干成员单位——中国建筑一局（集团）有限公司（以下简称"中建一局"）开展医院建筑成套施工技术的总结梳理工作。中建一局2016年凭借首创的5.5精品工程生产线，荣获中国政府质量最高荣誉——中国质量奖，成为中国建设领域荣获该奖的首家企业，以专业、服务、品格"三重境界"代言"中国品质"。中建一局结合实际工程建设情况，针对医院工程各类功能部室、各分部分项工程、各专业系统施工的难点，对其中具有医学功能特性的分部分项工程的施工技术进行研发和总结，确定了多个研究方向和内容，其中包括洁净施工技术，防辐射施工技术，医用气体系统施工技术，给水排水、污水处理施工技术，多层钢结构双面滑动支座安装技术等。

本书从医院工程的施工技术入手，简要介绍了我国医院工程的基本情况和发展趋势，以及成套技术开发的必要性；着重介绍了医院工程施工过程中的关键技术和专项技术，并对有代表性的案例进行深入剖析总结，形成了完整的施工操作手册，为各种复杂医院工程的施工提供了依据和指导。

本书适合从事医院工程设计、施工、监理、招标代理等的技术和管理人员使用，旨在帮助其了解医院工程建造的相关知识。

在本书的编写过程中，参考和选用了国内外学者或工程师的著作和资料，在此谨向他们表示衷心的感谢。限于作者水平和条件，书中难免存在不妥和疏漏之处，恳请广大读者批评指正。

目　　录

1 概　　述

1.1　医疗建筑现状和发展趋势

医疗建筑不同于宾馆、办公楼，涉及建筑学、护理学、卫生学、临床医学和工程学，建筑功能复杂，加之医学发展快，同各种现代的高新技术相互渗透结合，都影响现代医疗建筑的功能布局。现代医疗建筑的基本要求是医疗现代化、建筑智能化、病房家庭化、环境园林化。

医疗现代化。医疗现代化既包括医疗设备的现代化，也包含管理的现代化。随着医学的发展，现代医疗设备的种类和数量众多，其设备可以分为三类：（1）普通楼宇设备，如给水排水、供配电、通风空调、火警消防、电梯、电话等；（2）建筑医疗设备，是同病房建筑同步设计、安装、调试的医疗设备，如中心供氧、中心吸引，压缩空气、麻醉气体的供应及回收，中心对讲、中心监视、示范教学以及层流病房、洁净手术部、医疗信息处理网络等系统；（3）病房医疗设备，如监护设备、急救设备、小型治疗设备和检查设备。医疗建筑在设计中必须提供充分的建筑医疗设备，为医疗现代化奠定基础。建筑医疗设备使用周期长，更新困难，因此在设计和施工中，通常采用先进技术。

建筑智能化。智能建筑是将传统建筑技术同先进的信息技术（计算机技术、自动化技术、网络与通信技术）相结合，建造一种舒适、高效的节能环境，为人们提高生产力创造条件，智能建筑是综合经济实力的象征。智能建筑的基础由三部分组成：办公自动化系统（OA）、通信自动化系统（CA）、楼宇设备自动化系统（BA）。由于病房"三密集"（人员密集、设备密集、信息密集）的特点必然导致管理困难，能源消耗高，所以现代化的高层医疗建筑病房必须实现建筑智能化，这样才能提高医疗护理质量，减轻医护人员劳动强度，改善患者就医环境，节约能源，降低医疗成本。

病房家庭化。病房家庭化是为了提高治疗效果，增加患者的亲切感，缓解患者的紧张情绪。在极其有限的空间内，实现家庭化的要求也增加了病房的复杂性。医疗建筑内的病房一般都设有空调、卫生间、电视，每位病人床头均安装有设备带，内设有中心供氧、中心吸引、电话、对讲和收听耳机、电灯开关。危重病房、涉外病房内设备更多。实现病房家庭化，也必须依靠建筑智能化来进行管理。

环境园林化。人与自然和谐相处，是人类迈向 21 世纪的主题，对于久居城市的现代人，园林已成为重返大自然的捷径，良好的自然环境为就医的患者提供了一个良好的休息环境和视觉环境，有利于增强治疗效果，帮助患者更快康复。环境设计的概念，不再局限于传统的亭台楼阁、植树种草，还涵盖空间灯光、室外导示等多方面内容，要切合国情，传承历史，把绿化美化赋予园林之中，使园林建设成为医疗建筑的辅助环境。

随着我国医疗卫生事业的发展，许多医院都先后进入"改善医疗环境"的建设阶段，各地医院都在积极改造既有建筑或兴建新型的现代医疗建筑。而在医疗建筑的建设过程中，业主对建筑设计和施工缺乏了解，影响了工程造价和工期。为有效控制工程造价和工期，在现代医疗建筑建设中采用 EPC 模式或 PMC 模式进行项目施工管理是今后发展的方向。

医疗现代化、建筑智能化、病房家庭化、环境园林化的核心是建筑智能化。没有建筑智能化，就难以实现医疗现代化和病房家庭化。一栋建筑就是一个系统工程，要建成名副其实的智能建筑，规划设计是龙头，工程实施是设计成果的体现，也是设计作品的关键。

随着医疗科技和医疗服务理念的不断发展变化，现代大型综合医院的发展趋势是集成医疗、教学、科研等多功能的医学中心。我国目前已进入现代医院发展时期，现代医院的功能、医疗技术和医疗服务理念的变化对建筑技术的发展提出了新的要求。大型综合医院的功能日益向复杂化、专业化、信息化发展，医疗技术设备更先进，例如高洁净要求的手术室、治疗室对洁净设备安装技术和装饰装修施工技术的高标准要求，核医学功能对建筑设计和施工技术的高标准要求；医院的智能化和覆盖全球的医疗信息网络在医疗建筑中占有越来越重要的地位；为患者创造人性化的整体医疗环境的医疗服务理念也融入了现代医疗建筑设计中，例如为平衡和柔化高端医疗技术设备使患者产生的冷漠和恐惧感，现代医疗建筑加入了园林、艺术元素，患者在就医过程中，通过良好的环境从心理上得到关爱。不仅如此，为了适应社会可持续发展的需要，绿色医疗建筑也同样是现代医疗建筑发展的必然趋势，其要求最大限度地节约资源、减少污染，减少对电梯、空调等耗能设备的依赖，与环境和谐共生。

1.2　医疗建筑设计和施工技术特点及研究内容

施工系统深化设计是医疗建筑施工的首要工作，是在深入研究医疗建筑系统的各个分部分项工程和专业系统施工技术特点的基础上，通过深化设计手段，整体部署和规划各个分部分项工程和专业系统工程施工。

现代医疗建筑中与施工同步进行的系统工程包括普通楼宇设备系统和医疗设备系统。在施工前期需要进行深化设计的系统，主要包含建筑安装系统（给水排水、供配电、通风空调、火警消防等）、医疗设备管理系统（中心供氧、中心吸引、压缩空气的供应及回收、气体物流传输、中央吸尘系统、洁净手术部、层流病房等）及医疗信息管理系统（有线电视系统、火灾报警系统、保安监控系统、门禁系统、医护对讲系统、门诊叫号系统、楼宇控制系统等）。现代医疗建筑中系统众多，加之医学事业快速发展，不断融合各种先进的科学技术和工程技术，这无疑也增加了设计和施工的难度。因此在系统设计阶段应从医疗、护理、管理的实际需要出发，设计方案、设备布局、操作程序的编制要符合医疗操作规范，符合医护人员使用习惯，并便于操作和维护。施工阶段系统深化设计应符合标准化、模板化、系统化的原则，并具有开放性和可扩展性，使各类系统安装在节约空间和便于日常维护的同时，还有必要的可扩展性。

近几年来，中建集团承建了大量的医疗建筑工程项目，在这些工程的施工过程中，施工技术人员开发并成功应用了诸多有价值的施工技术，其中部分施工技术是针对医疗建筑设计中特有使用功能而开发的，例如洁净手术部施工技术、净化空调系统安装技术、医用气体系统安装技术、医疗抗菌消毒建筑层施工技术、医疗物流传输管道安装技术、医疗智能控制系统安装技术、医疗防辐射工程施工技术等。上述施工技术是医疗建筑主要的关键施工技术，涉及病房、手术室、医学科研用房、洁净走道、机电系统的施工，包括壁板系统、吊顶系统、地板系统、空气净化及空调系统，以及其他服务系统等施工内容，其设计标准对施工要求较高，施工、安装及管理难度较大。医疗建筑的关键施工技术具有三个显著特点，即科技含量高、施工难度大、新技术及新材料应用广泛，特别是对材料的性能、耐腐蚀性、气密性以及施工节点的处理等要求很高。

医疗建筑施工过程中，工程技术人员根据医疗建筑设计文件和相关规范要求，对医疗建筑中具有医学功能特性的分部分项工程的施工技术进行研发和总结，针对医疗建筑各类功能部室、各分部分项工程、各专业系统施工的难点，确定了多个研究方向和内容，其中包括洁净室施工技术，医用气体系统施工技术，给水排水、净水和污水处理系统施工技术，空调、通风与空气净化系统施工技术，防辐射施工技术，气动物流传输系统施工技术，强弱电系统施工技术，信息网络、智能控制系统施工技术等。目前，对各个实施项目中已经成功应用的施工技术进行归纳和总结，集合成以下几类：洁净施工技术、防辐射施工技术、配电系统施工技术、给水排水和污水处理系统施工技术、医用气体系统施工技术等，具体如图 1-1 所示。主要研究内容涉及施工流程设计、施工平面设计、节点施工工艺、制作和安装施工方法、管道和线路系统的综合布置、施工管理和监控等。

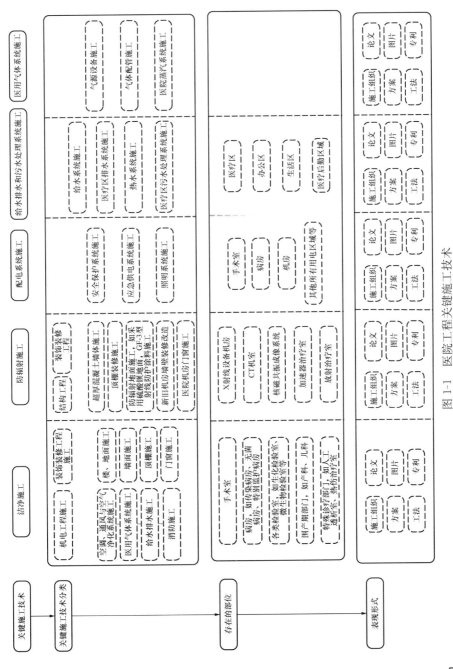

图 1-1　医院工程关键施工技术

2 功能形态特征研究

2.1 医疗建筑的功能研究

由于医疗的性质、规模不同，医院内建筑的组成也不同，对于一般综合医疗，主要由医疗（门诊、医技、住院）、医疗后勤、行政办公、生活服务四部分功能组成，具体如图 2-1 所示。其中门诊部主要为非急重病人提供就诊和治疗，通常还包括门诊药房、收费、挂号、化验等公共用房。医技部主要是诊断、治疗设施用房，集中了医疗的重要医疗技术装备。住院部主要由出入院区、住院药房及各科病房组成。医疗后勤部分是医疗辅助部门，主要包括中心供应处、营养厨房、中心仓库、洗衣房、中心供氧站、医疗器械修理、污水处理站、空调机房以及其他设备用房等。行政办公部分主要包括会议室、医务室，财务、总务室，人事、档案室，计算中心，研究室等。生活服务部分主要包括医生宿舍、职工食堂、职工家属住宅等。

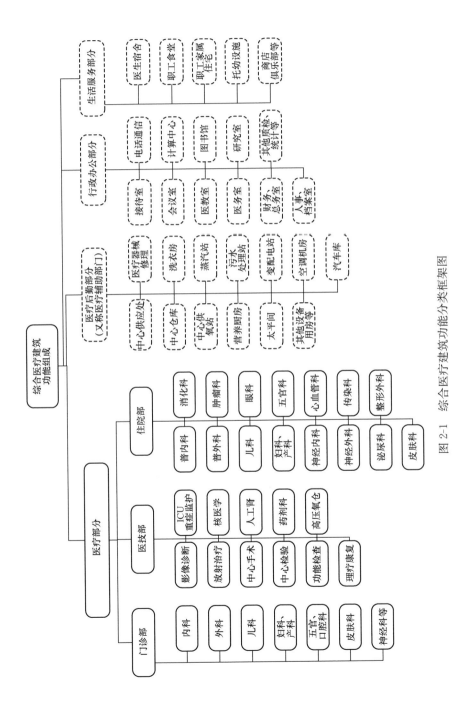

图 2-1 综合医疗建筑功能分类框架图

2.2　医疗建筑的形态研究

医疗建筑的形态主要是指医疗的主体功能部分，即门诊部、医技部和住院部的建筑形态特征。根据国内外医院实例，医疗建筑的形态大致分为以下四类：第一类是分栋＋连廊模式，根据门诊、医技、住院等功能分别设计为若干栋独立的建筑，用公共连廊连接成整体。建筑平面布置上，门诊楼居前，靠近城市道路，便于门诊病人就医。住院部居后，位于医疗建筑内腹地，与城市交通干道保持一定距离，为住院病人营造一个安静舒适的养病环境，少受城市噪声的干扰。医技楼居中，便于对门诊和住院部门的双向服务，缓冲门诊人流对住院部的干扰，这类医疗建筑在国内外得到广泛应用。第二类是高层独栋模式，在用地紧张的大都市建造医疗建筑，通常是将医疗辅助部门、门诊、医技、住院等各功能区从地下室、低层到高层分布到独栋的高层建筑中，形成一个大型的医疗建筑综合体。在一栋楼内包含了所有科室和功能用房，近地面层布置了门诊、急诊及公用科室，中间层布置了医技科室，高层部分布置了住院部，其中医技部分布置于中间层，同样起到了双向服务和缓冲隔离作用。第三类是高层、低层结合模式，为了适应医疗科技和医疗服务理念的不断发展变化，门诊和医技部通常设置在底层建筑中，而病房部通常设置在较高层的建筑中，这样便于随着医疗技术的不断发展，而对门诊、医技功能部分进行改扩建。第四类是多层大空间板块模式，此类建筑外形呈简单的矩形，楼层不高，主要是框架结构，具有柱距大、空间大的特点，便于采用装饰装修手段进行功能区的划分，且可以根据医疗技术的发展和医疗功能需求的变化对医疗空间进行再次调整划分；同时为解决采光通风问题，在建筑中部多个部位布置一些落地或不落地的中庭。

3 关键技术研究

3.1 洁净施工技术

3.1.1 概述

3.1.1.1 洁净室及洁净技术的定义

洁净室，也称为无尘室或清净室，是污染控制的基础，这个名词和概念源于 18 世纪 60 年代的欧洲医学。没有洁净室，污染敏感零件不可能批量生产。洁净室是指将一定空间范围内空气中的微粒子、有害气体、细菌等污染物排除，并将室内的温度、洁净度、室内压力、气流速度与气流分布、噪声振动及照明、静电控制在某一需求范围内而特别设计的房间，即无论外在空气条件如何变化，其室内均能维持最初设定要求的洁净度、温湿度及压力等的特性。

洁净技术是适应实验研究与产品加工的精密化、微型化、高纯度、高质量和高可靠性等方面要求而诞生的一门新兴技术。洁净技术及污染控制技术，其全面的概念是：针对加工或处理的对象在加工处理过程中由于污染物质的存在而影响对象的成功率，从而对到达对象表面的污染物质进行控制，来提高对象的成功率。这种有效控制污染物质（也包括加工或处理的对象因带有对人体有害的污染物质而需进行处理及隔离）的技术称为洁净技术或污染控制技术。

洁净技术与污染物质的控制方法因加工处理的对象不同而不同，如医疗、卫生、制药等以控制空气中的粒子尺寸及其浓度和微生物数来解决。因此，除了控制洁净室空气中的粒子尺寸及其浓度和有机物质外，还须控制工艺介质，如高纯水、高纯气体、特种气体和化学品内的粒子尺寸及其浓度，金属物质，有机物质及某些气体不纯物质。

因此，洁净技术涉及的内容是很广泛的，可以是洁净室技术的研究、开发，洁净室各系统（壁板系统、吊顶系统、地板系统、空气净化及空调系统）以及其他服务系统（如洁净工作服、洁净室专用抹布等消耗品）的研究、开发、设计、应用、安装、运行及管理等。

洁净施工技术适用于电子信息、半导体、光电子、精密制造、医药卫生、生物工程、航天航空、核电站、化妆品、食品与饮料、实验室、印刷、汽车喷涂等有洁净等级要求的众多行业。根据行业的精密与无尘要求，等级差别也较大。对级别要求较高的是生化实验室和高精纳米材料生产车间。

3.1.1.2　洁净室相关设施及构成

洁净室的相关设施大致可以分为：空气净化设备（制冷设备、空调机组、过滤器、风淋室、洁净台等），洁净室系统，介质（纯水、纯气、特气、化学品等）供应系统（含设备），静电防护，洁净服系统，洁净室用品（台、椅、柜、架、吸尘器等），洁净室消耗品，检测仪器，环保设施（废气处理系统、废水处理系统），专用设备（生物隔离装置、微环境等）等。

洁净室系统则由下列各项系统组成：

（1）吊顶系统：包括吊杆、钢梁、吊顶格子梁；

（2）空调系统：包括空气舱、过滤器系统、风车等；

（3）隔墙板：包括窗户、门；

（4）地板：包括高架地板或防静电地板；

（5）照明器具：包括日光灯、黄色灯管等。

3.1.2　分类及标准

3.1.2.1　洁净室的分类

洁净室的分类方法有很多，但最多的分类方法是按洁净室的使用性质和洁净室的气流流型来分。

按照用途，洁净室可以划分为两大类，即工业洁净室和生物洁净室。

生物洁净室主要控制有生命微粒（细菌）与无生命微粒（尘埃）对工作对象的污染，又可分为一般生物洁净室和生物学安全洁净室。

一般生物洁净室主要控制微生物（细菌）对象的污染，同时其内部材料要能经受各种灭菌剂侵蚀，内部一般保证正压。例如制药工业、医院（手术室、无菌病房）、食品、化妆品、饮料产品生产、动物实验室、理化检验室、血站等的洁净室。

生物洁净室的要求和特点主要见表 3-1。

生物洁净室的要求和特点 表 3-1

要求科目	特点
控制对象	微生物等活的粒子，会不断生长繁殖，会诱发二次污染（代谢物、类便）
室内主要污染源	人体发菌
对工艺的危害	一般有害微生物达到一定浓度以后才能构成危害
控制目标	控制微生物的生产、繁殖、传播，同时要控制其代谢产物
控制方法和措施	需除去的微生物粒径较大，主要采用过滤、灭菌技术，铲除微生物生长的条件、控制微生物生产，切断污染传播途径
对建筑材料的要求	室内需定期消毒、灭菌、熏蒸，建筑材料及设备须耐水、能承受药物腐蚀，且不提供微生物滋生条件等
人员和设备进入的控制要求	人员进入要换鞋、更衣、淋浴、灭菌，设备进入要灭菌，空气送入要过滤。人物分流，洁污分流
压力	负压
运行（动态）检测	不能检测瞬时值，测试样品要经过 48h 的培养才能读出菌落数量
验收	评价、认证、安全手册编制
科技终端	生物安全 4 级实验室——生命科学研究高危病毒和不明物质

按洁净室的气流流型，洁净室划分为三种类型：（1）单向流洁净室，又叫层流式（分为垂直单向流和水平单向流）；（2）非单向流洁净室，又叫乱流式；（3）混合流洁净室，又叫复合式（即由单向流和非单向流组合气流构成）。

3.1.2.2　医院洁净区域

医院洁净室包括手术室、产房、婴幼儿病房（NICU）、重症监护室（ICU）、烧伤病房及解剖室、净化实验室、人工透析室、标本室等，其工程质量与医疗质量有着直接而重要的关系。

医院应用洁净环境最广泛的是洁净手术室，它是用空气洁净技术取代传统的紫外线等手段，对全过程实行污染控制的现代手术室。在洁净手术室内，患者感染率可降低90%以上，从而可以少用或不用会伤害患者免疫系统的抗生素。既要无尘又要无菌是洁净手术室的特点。

洁净室作为医院重要的功能分区之一，其工程质量直接影响医院的使用和对患者的治疗。要提高医院洁净室的工程质量，必须从设计、施工和维护三方面同时重视。

3.1.2.3 医院洁净标准

近年来，洁净技术从空气洁净度等级的 3 个等级、控制粒径 $0.5\mu m$ 发展到现在国际标准 ISO 14644—1 中的空气洁净度基本等级 9 级、控制粒径分为 $0.1\mu m$、$0.2\mu m$、$0.3\mu m$、$0.4\mu m$、$0.5\mu m$ 等多种粒径。洁净室标准不断进行着修改、变化以适应产品和科学技术的发展，见表 3-2。

国内常用的洁净标准规范 表 3-2

标准规范名称	编号	类别
医院洁净手术部建筑技术规范	GB 50333—2013	医院类
传染病医院建筑设计规范	GB 50849—2014	医院类
医药工业洁净厂房设计规范	GB 50457—2019	
医药工业洁净室（区）悬浮粒子的测试方法	GB/T 16292—2010	
洁净室施工及验收规范	GB 50591—2010	
QS 认证质量手册	—	
GMP* 药品生产质量管理规范	—	

* "GMP"是英文 Good Manufacturing Practice 的缩写，中文的意思是"良好作业规范"或"优良制造标准"；是一种特别注重在生产过程中实施对产品质量与卫生安全的自主性管理制度。它是一套适用于制药、食品等行业的强制性标准，要求企业从原料、人员、设施设备、生产过程、包装运输、质量控制等方面按国家有关法达到卫生质量要求，形成一套可操作的作业规范，帮助企业改善卫生环境，及时发现生产过程中存在的问题并加以改善。

国际上常用的洁净标准有以下几个系列：

（1）ISO 系列国际标准；

（2）IEST 系列国际标准；

（3）世界卫生组织（WHO）GMP 标准；

（4）欧盟（EU）GMP 标准等。

根据我国《药品生产质量管理规范（2010 年修订）》的规定，洁净室（区）空气洁净度级别划分为四个等级，见表 3-3 和表 3-4。

洁净室各级别空气悬浮粒子的标准　　　　　　　表 3-3

洁净度级别	悬浮粒子最大允许数/m³			
	静态		动态	
	$\geqslant 0.5 \mu m$	$\geqslant 5.0 \mu m$	$\geqslant 0.5 \mu m$	$\geqslant 5.0 \mu m$
A 级	3520	20	3520	20
B 级	3520	29	352000	2900
C 级	352000	2900	3520000	29000
D 级	3520000	29000	不作规定	不作规定

洁净室微生物监测的动态标准　　　　　　　表 3-4

洁净度级别	浮游菌 cfu/m³	沉降菌（φ90mm） cfu/4h	表面微生物	
			接触（φ55mm） cfu/碟	5 指手套 cfu/手套
A 级	<1	<1	<1	<1
B 级	10	5	5	5
C 级	100	50	25	—
D 级	200	100	50	—

医院的手术部是由若干间手术室及为手术室服务的辅助房间组成的辅助区组建而成。经济发达国家如瑞士，按照空调标准把手术室分为 3 个级别，德国分为 2 个级别，美国分为 3 个级别，日本分为前区 3 个级别和后面 2 个区域，

英国分为2个级别。按照我国原卫生部颁发的《医院分级管理办法（试行草案)》中的有关规定，再考虑我国地区差异较大，为适应不同地区的情况，设置了4个洁净用房等级。

根据《医院洁净手术部建筑技术规范》GB 50333—2013，洁净手术室和辅助用房的分级标准见表3-5和表3-6。

洁净手术室用房的分级标准 表3-5

| 洁净用房等级 | 沉降法（浮游法）细菌最大平均浓度 | | 空气洁净度级别 | | 参考手术 |
	手术区	周边区	手术区	周边区	
I	0.2cfu/30min·ϕ90 Ⅲ（5cfu/m³）	0.4cfu/30min·ϕ90 Ⅲ（10cfu/m³）	5	6	假体植入、某些大型器官移植、手术部位感染可直接危及生命及生活质量等的手术
II	0.75cfu/30min·ϕ90 Ⅲ（25cfu/m³）	1.5cfu/30min·ϕ90 Ⅲ（50cfu/m³）	6	7	涉及深部组织及生命主要器官的大型手术
III	2cfu/30min·ϕ90 Ⅲ（75cfu/m³）	4cfu/30min·ϕ90 Ⅲ（150cfu/m³）	7	8	其他外科手术
IV	6cfu/30min·ϕ30 Ⅲ		8.5	—	感染和重度污染手术

注：1 浮游法的细菌最大平均浓度采用括号内数值。细菌浓度是直接所测的结果，不是沉降法和浮游法互相换算的结果。
2 眼科专用手术室周边区洁净度级别比手术区的可低2级。

洁净辅助用房的分级标准 表3-6

洁净用房等级	沉降法（浮游法）细菌最大平均浓度	空气洁净度级别
I	局部集中送风区域：0.2个/30min·ϕ90 Ⅲ，其他区域：0.4个/30min·ϕ90 Ⅲ	局部5级，其他区域6级
II	1.5cfu/30min·ϕ90 Ⅲ	7级
III	4cfu/30min·ϕ90 Ⅲ	8级
IV	6cfu/30min·ϕ90 Ⅲ	8.5级

注：细菌浓度是直接所测的结果，不是沉降法和浮游法互相换算的结果。

3.2　防辐射施工技术

在当代，伴随着癌症等恶性疾病的发病率越来越高，大量的放射性元素和放射性治疗手段也随之出现。放射性治疗在较好地进行疾病治疗的同时，也对人们的健康造成危害。在医院工程中，常采用防辐射混凝土和防辐射材料等手段来降低这种危害。医院的放射源主要来自于直线（回旋）加速器室、核磁共振室（MRI）、CT室、X光室、DSA机房的设备产生的各种射线和电子束。目前所采用的防辐射措施主要有三种，即采用铅板等重金属防护层进行防护、采用钢筋混凝土围护结构进行防护、不同的设备单独放置在独立空间。其中，第一种方法因其施工烦琐、周期长、造价高、操作不便等原因，已逐渐被后两种方法所取代。不管采取哪种办法，最根本的是对射线进行阻隔。因此在建筑物空间布局的合理性、结构设计的周密性、材料选择的科学性、施工过程的安全可靠性等方面有着一整套的技术来保证这些房间的使用功能的充分发挥。中建集团在承建了众多医院工程的实践过程中，对防辐射施工技术积累了丰富经验。

3.2.1　结构工程类

在所有放射源中，直线（回旋）加速器的辐射强度最大，它所产生的电子束的能量是普通X射线的100倍以上。因此，医院的直线（回旋）加速器室等工作过程中产生强辐射的房间多位于建筑物的地下室，从结构设计到施工都有特殊要求，房间的底板、墙体、顶板均须采取防辐射措施，主要方法是在混凝土中掺加重晶石或者加大混凝土构件截面尺寸（通常达到1000mm以上的超厚大体积混凝土）。在这两种方法中，重晶石防辐射混凝土能满足建筑结构的一般功能，更重要的是具有防护射线的作用。它不但可以削弱和吸收γ射线，而且可以屏蔽中子射线和X射线，是一种典型的绿色混凝土。而大体积混凝土施工中的模板工程和混凝土工程施工难度非常大，做好模板支撑体系和防辐射大体积混凝土裂缝控制是使混凝土达到防辐射要求的关键工序。施工前，要制定专项技术方案，确保混凝土施工质量达到防辐射功能要求。

3.2.1.1 重晶石防辐射混凝土施工技术

（1）关键技术点：重晶石防辐射混凝土的关键技术是配合比设计及其施工工艺，其施工流程与普通混凝土施工基本相同，其配合比检验批和质量验收检验按《重晶石防辐射混凝土应用技术规范》GB/T 50557—2010 执行。

（2）施工重点、难点：重晶石施工材料建筑市场极少应用，采购困难；防辐射重晶石混凝土截面大、荷载重，其支模体系必须安全可靠；墙上预留洞套管应采用折线穿墙，结构施工缝不论水平还是垂直都不得出现直线通缝；防辐射重晶石混凝土体积大，水化热温升和混凝土收缩大，对裂缝的控制不利，将影响防辐射效果；由于其骨料表观密度大，施工中应特别注意不得产生混凝土中骨料离析，尤其是运输和浇筑时更应当引起足够的重视，因此最好是粗细骨料都用高密度材料，以减少不正常离析。

（3）重晶石防辐射混凝土的特点：

1）重晶石防辐射混凝土宜采用密度较大、与水结合较多、水化热较低的水泥；所选重晶石骨料表观密度应能满足混凝土表观密度要求，粗细骨料级配应为连续级配，级配较差时，应进行调整。

2）重晶石防辐射混凝土的表观密度与骨料的表观密度呈线性增长；密度随用水量的增加而有所降低。与普通混凝土配合比设计相比，重晶石防辐射混凝土应首先选择合适的重晶石原材料，其用水量的选择可以参考普通混凝土的用水量。达到相同坍落度时，其用水量比普通混凝土小 5kg/m³；砂率在普通混凝土砂率的基础上，增加 3%～5%。掺入普通砂石骨料，重晶石防辐射混凝土的表观密度降低；掺入普通粗骨料，可以提高混凝土的强度，而掺入普通细骨料，混凝土强度变化不明显。

3）相对沉降系数可以用于评价重晶石防辐射混凝土骨料的相对沉降和抗离析能力，相对沉降系数越大，其抗离析能力越差。

4）重晶石防辐射混凝土水灰比与强度具有较好的线性相关性，其轴心抗压强度为立方体抗压强度的 $75\%\sim80\%$；劈裂抗拉强度为立方体抗压强度的 $6\%\sim8\%$，弹性模量比同强度等级的普通混凝土小。

5）重晶石防辐射混凝土在 100℃时，内部水分损失严重，而强度损失较小；其线膨胀系数比普通混凝土大，在温度低于 80℃时，线膨胀系数可取为 $(1.6\sim2.0)\times10^{-5}/℃$。

6）纤维素增稠剂可以明显改善重晶石防辐射混凝土的和易性，防止离析和泌水，但是会降低混凝土的防辐射能力和强度，其最佳掺量为 0.05%。

7）重晶石防辐射混凝土的施工需要把握住其表观密度大、易离析的特点，必须选用合适的骨料，见表 3-7，防辐射混凝土粗、细骨料筛分曲线如图 3-1、图 3-2 所示。

不同表观密度的混凝土对骨料块状表观密度的要求　　　　表 3-7

混凝土设计表观密度（kg/m³）	3000	3100	3200	3300	3400	3500	3600
要求骨料块状表观密度（kg/m³）	3600～3800	3700～3900	3800～4000	4000～4100	4100～4200	4300～4400	4400～4500

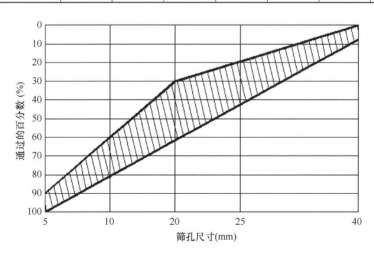

图 3-1　防辐射混凝土粗骨料筛分曲线

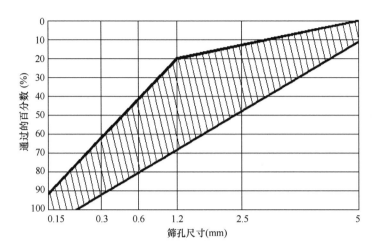

图 3-2　防辐射混凝土细骨料筛分曲线

（4）原材料的选用：

1）水泥：采用 P·O42.5 硅酸盐水泥和高效混凝土掺合料，其质量应符合《通用硅酸盐水泥》GB 175—2007 和《高强高性能混凝土用矿物外加剂》GB/T 18736—2017 的相关要求，也可采用其他密度较大、耐热性能好、低水化热的水泥。

2）重晶石：表观密度要求在 4300kg/m³ 以上，如湖北长阳产重晶石，其 $BaSO_4$ 含量不低于 90％，内含石膏或黄铁矿的硫化物及硫酸化合物不超过 7％，碎石含泥量不超过 1％，骨料级配要求详见表 3-8，其他质量要求参照《建筑用卵石、碎石》GB/T 14685—2022 的相关要求。

3）重晶石砂：表观密度要求在 4300kg/m³ 以上，如湖北长阳产重晶石砂，其 $BaSO_4$ 含量不低于 90％，内含石膏或黄铁矿的硫化物及硫酸化合物不超过 7％，砂含泥量不超过 2％，骨料级配要求详见表 3-8 和表 3-9，其他质量要求参照《建筑用砂》GB/T 14684—2022 的相关要求。

重晶石（5～25mm 连续粒径）骨料级配要求　　　　　　　表 3-8

筛孔尺寸（mm）	31.5	26.5	19	16	9.5	4.75	2.36
筛余（％）	0	0～5	—	30～70	—	90～100	95～100

重晶砂（中砂）骨料级配要求 表 3-9

筛孔尺寸（mm）	4.75	2.36	1.18	0.6	0.3	0.15	细度模数
筛余（%）	0	0～25	10～50	41～70	70～90	90～100	95～100

注：经试验确定，通过 0.3mm 筛孔的颗粒以不小于 20％为宜，有利于混凝土泵送。

4）拌合用水：混凝土拌合用水应符合《混凝土用水标准》JGJ 63—2006 的相关要求。

5）外加剂：泵送剂和膨胀剂质量应符合《混凝土外加剂应用技术规范》GB 50119—2013 的相关要求。

（5）施工工艺流程：重晶石混凝土制备→钢筋绑扎及模板支设 →混凝土施工缝设置设计→预埋管线折线设置→混凝土运输→凝土现场泵送→浇捣→温度监测→拆模养护→重晶石防辐射混凝土专项验收。

（6）施工要点：

1）重晶石防辐射混凝土的制备

通过优选原材料和科学的原材料的配合比设计，确保混凝土在拌合成型过程中防止离析、保持均匀、成型密实；控制大体积混凝土温度裂缝，合理设置与处理施工缝，合理控制温度、延缓降温速度，防止水化热、温差过大产生裂缝，减少混凝土的收缩变形，提高混凝土极限抗拉能力。对蜂窝、麻面等采取技术措施，以确保混凝土结构无缺陷，从而使重晶石防辐射混凝土达到国家规定标准。防辐射混凝土的密度越大，其屏蔽效果越好，故配合比设计时应优先考虑混凝土的表观密度和密实程度，再考虑强度和施工工艺。经过原材料优选，主要参照《混凝土外加剂应用技术规范》GB 50119－2013 和《普通混凝土配合比设计规程》JGJ/T 55—2011 的相关规定进行配合比设计。配合比必须满足下列要求：选用骨料密度要大；混凝土的水泥用量不宜过大，水泥用量过大时，其密度则下降；水灰比控制在 0.4～0.5 之间。考虑防辐射混凝土骨料的密度较大，混凝土易分层，为避免因骨料重而引起骨料离析，坍落度不能太大，出机混凝土坍落度应控制在（140±20）mm，砂率为 40％。若现场搅拌，由于白天和晚间的温度不同，砂石含水率变化较大，对混凝土坍落度有影响，所以搅拌站应根据天气变化，微调加水量，使重晶石防辐射混凝土坍落度在控制范围内。

采用矿区样品按规定送检合格后，备足材料，进场后分区堆放，按规定取样送检，重晶碎石、重晶砂每 200m³ 取样一次，进行级配分析和表观密度检测，经检验合格后方可使用。并定时校验自动计量装置，控制好水泥，UEA 矿粉等掺合料的投料误差范围在 ±1％以内，石料误差范围在 ±2％以内，液体减水剂、水投料误差范围在 ±1％以内。

由于重晶石的骨料比较脆，所以必须严格控制每盘生产方量和搅拌时间（每盘搅拌量控制在 1.2m³ 以内，搅拌时间 45s）。为减少粉状物的飞扬和有利于拌合物均匀，严格控制投料顺序，先投入部分砂石，再投入水泥、UEA 矿粉，掺合料和砂石，同时徐徐加入水和减水剂。

试验表明，混凝土的强度主要受重晶石的限制，水泥用量在保证和易性好的情况下不宜太高。

每批应留抗渗试块一组。每 100m³ 混凝土做表观密度检测一次，每次测量三组，结果取平均值，误差超过 1％时应立即采取措施。每 100m³ 混凝土留抗压试块两组。

2）钢筋绑扎及模板支设

钢筋、模板工程施工及验收严格执行《混凝土结构工程施工质量验收规范》GB 50204—2015 的相关规定，并注重以下几方面内容：

由于重晶石防辐射混凝土密度较大，模板支承系统须进行详细的专项设计，荷载应考虑支模体系、混凝土自重、泵送堆载、施工荷载和振动器的振动荷载，确定方案后再进行支模系统验算。

为防止射线泄漏，重晶石内外防护结构的内外防护墙支模时，必须采用止水螺杆（包括防护墙上的梁、柱），止水螺杆两端模板内侧各加 100mm×100mm×12mm 垫片，拆模后，挖掉垫片并切断螺杆，用重晶石水泥砂浆补眼抹光，墙体对拉螺栓大样如图 3-3 所示，施工完成后混凝土质量效果如图 3-4 所示。

重晶石防辐射混凝土防辐射结构控制区主防护墙、板上不能预留孔洞和线

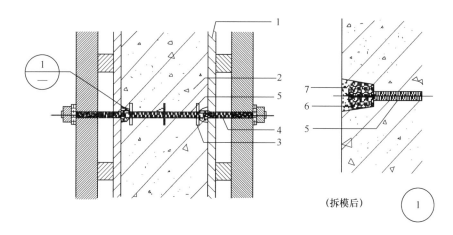

图 3-3　墙体对拉螺栓大样

1—模板；2—结构混凝土；3—止水环；4—工具式螺栓；

5—固定模板用螺栓；6—嵌缝材料；7—重晶石水泥砂浆

图 3-4　施工完成后混凝土质量效果

管，防护墙、板不能按常规留设直线型穿墙孔洞或套管，而必须采用折线穿墙，预留洞口宽度≥500mm 时，洞口周边预埋不锈钢板，所有预留套管均出墙面 150mm，其套管制作、安装均应考虑浇捣混凝土时同一断面有重晶石防辐射混凝土通过，避免出现蜂窝、孔洞。重晶石防辐射混凝土墙上预留洞、套管"折线"穿墙，如图 3-5 所示。

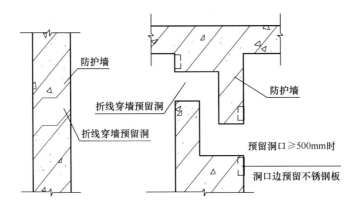

图 3-5　重晶石混凝土墙上预留洞、套管"折线"穿墙图

3）重晶石防辐射混凝土施工缝设置

重晶石防辐射混凝土一般不留施工缝，必须留设时，施工缝一般设置两道，一道设置在墙体与底板交接处，另一道设置在墙体与顶板交接处。严禁留置竖向施工缝。

根据具体情况，施工缝留设时应留设成凹凸形或波浪形的施工缝，不允许留平缝，确保防辐射效果，并且在施工缝处增加三道钢板止水带，一般采用厚 3～4mm、宽 400mm 的折形钢板，墙体混凝土浇入顶板 100mm，底板与墙体混凝土施工缝高出底板 200～300mm，如图 3-6 所示。

4）施工缝处理

下一次浇筑混凝土时，先浇筑的混凝土强度不低于 1.2MPa；清除旧混凝土表面松动的混凝土和薄膜；用水湿润旧混凝土，但不得有积水；在新旧混凝土结合处浇筑一层厚 5～10cm 与混凝土同强度等级的砂浆。

5）重晶石混凝土预埋管线折线设置

施工基本要求：各种埋件、管线的位置、尺寸严格按照图纸的要求预留，

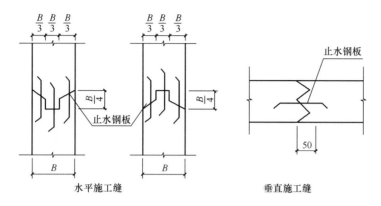

图 3-6 施工缝设置与处理

保证位置准确且不遗漏，绝不允许事后开凿混凝土；预埋施工应有专人负责，根据图纸要求进行定位、预埋，预埋件应用钢筋焊接或绑扎牢固，防止移位；预埋件安装到位后，在模板施工时，严禁触动预埋件，防止移位；预埋的管线应形成折线，不能直通，防止射线泄漏；混凝土振捣时，振捣棒不能直接振捣到预埋件。

预埋件安装方法：竖向或水平构件预埋件的留置可采用绑扎（或焊接）固定的方法，即用钢丝将预埋件锚脚与钢筋绑扎在一起，如图 3-7、图 3-8 所示，为了防止预埋件位移，锚脚尽量长一些。

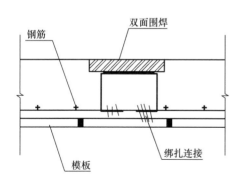

图 3-7 竖向构件预埋件设置

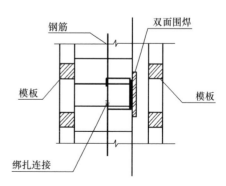

图 3-8 水平构件预埋件设置

预埋方式：严格按照图纸和工艺要求设置，若要改变设计应取得设计方同意。预埋管的内径预留只能出现正误差，即只能比设计要求大，在拐角处要有一定的弧度，不能做成死角，弧度要求不小于 10 倍管径。进出防辐射室的预埋管埋深不能小于 400mm。预埋件施工前，首先了解其形式、位置和数量，然后按标准要求制作并固定预埋件。防辐射混凝土浇筑前，应仔细检查预留预埋的位置是否准确，有无遗漏，绝不允许事后剔凿防辐射混凝土来补漏。

预埋件施工方法：由于穿越墙板的孔洞、预埋套管及其与混凝土结合处是整个防辐射体系的薄弱环节，处理不当会造成射线泄漏；根据射线只能沿直线传播的特性，在施工中采取以下措施：所有穿墙洞口、管线孔洞形式不能直通，应采取折线处理措施。电缆沟穿墙示意如图 3-9 所示，风管预留洞示意如图 3-10 所示。

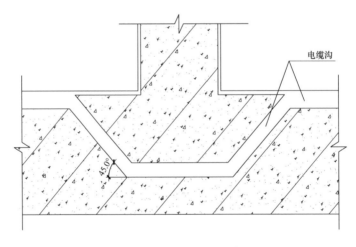

图 3-9　电缆沟穿墙示意

由于穿越孔洞处减弱了防护层的有效厚度，因此穿越孔洞均用 5～8mm 厚钢板焊成孔套，埋入混凝土中，加大材料密度来补偿这种削弱。为防止预埋件下的混凝土振捣不密实，对较大预埋件应事先对锚板钻孔，供混凝土施工时排气，但钻孔的位置及大小不能影响锚板的正常使用。重晶石混凝土在浇筑过程中，振动棒应避免与预埋件直接接触。在预埋件附近，需小心谨慎，边振捣边观察预埋件，及时校正预埋件位置，保证其不产生过大位移。

6）重晶石混凝土运输

采用矿区样品按规定送检合格后，备足材料，作为商品混凝土搅拌站质量监督的重点，按规定取样送检，重晶碎石、重晶砂每 $200m^3$ 取样一次，进行级配分析和表观密度检测，经检验合格后方可使用。并定时校验自动计量装置，控制投料误差在规定的范围内。

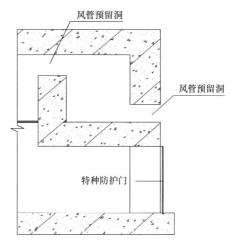

图 3-10　风管预留洞示意

严格控制投料顺序、单盘搅拌量、搅拌时间、出厂坍落度、入泵坍落度，并按规定留设试块。

采用专车运输供应：每车装料时，罐体要高速运转，运输途中低速搅拌，防止混凝土离析；装载运输量控制在普通混凝土的 60%～65%。供应速度应保证混凝土能连续施工要求，还应考虑备运的运输路线和停水、停电及设备故障等应急措施。

7）重晶石混凝土的泵送

重晶石混凝土骨料重，易离析。市区只能采取泵送工艺输送，通过以下措施，来保证防辐射机房大批量重晶石混凝土成功泵送。

采用功率较大的输送泵，尽量使混凝土沿水平输送。主管直径控制在 100m 以内。严格控制重晶石混凝土质量，进场的每车混凝土必须经目测无离析，现场实测坍落度符合要求后，才能入泵。

鉴于重晶石混凝土泵送具有一定的难度，现场泵送施工时，一定要根据现场实际情况进行有针对性的泵送试验，成功后再组织浇筑作业。

如果现场条件受限制，作业面与泵管布设平面有高差，不能进行平面输送而必须设置垂直泵管时，布设的主管道向下的垂直弯头应尽量留设在接近出料的一端。向上的垂直弯头尽量留设在主管道中后部接近料斗一端。两种弯头同时布置时，先布置向上的弯头，再布置向下的弯头，确保混凝土流向先向上、再向下，能很好地解决输送过程中的离析和堵管。

泵送前，应检查泵机的转向阀门是否密封良好，其间隙保持在允许范围内，使水泥浆的回流降低到最低限度。先应送水湿润整个管道，而后送入重晶石水泥砂浆，使输送管壁处于充分湿润状态，再开始泵送重晶石混凝土。

8）重晶石混凝土现场浇捣

墙板混凝土浇筑应分层进行，每层厚度不超过 500mm，且上下层浇筑间隔时间不超过混凝土初凝时间，不允许留设任何规范允许外的水平施工缝。墙板混凝土浇至梁底后应稍加停息约 1h，让混凝土达到初步沉落，再浇上部混凝土。混凝土振捣使用 30mm 或 50mm 插入式振捣棒，要快插慢拔，插点呈梅花形布置，按顺序进行，不得遗漏。移动间距不大于振捣操作半径的 1.5 倍。每一插点的振捣时间为（25±5）s，同时配合观察（混凝土表面泛出浆、不再显著下沉、不再出现气泡）来确定其振捣时间。振捣时间以混凝土表面出现浮浆及不出现气泡下沉为宜，同时采用二次振捣的方法，提高混凝土的密实性和均匀性。

平板厚度超过 800mm 时，在满足结构设计及防护设计要求的前提下，综合采用整体平面分层和斜面分层的方法。分层浇筑的上下层混凝土结合为整体，振捣时振捣棒要插入下一层混凝土不少于 5cm。混凝土浇筑过程中，钢筋工随时检查钢筋位置，如有移位，必须立即调整到位。

混凝土浇捣时，要严格控制混凝土落距，防止离析。落距大于 2.5m（较普通混凝土严格）时，采用串筒。每次下料高度为振捣棒有效长度的 1.25 倍以内，采用尺杆配手把灯加以控制，墙上洞口两侧混凝土高度应保持一致，且同时浇筑，同时振捣，以防止洞口移位、变形。大洞口下部模板应开口补充振捣，封闭洞口留设透气孔。

底板、楼板、顶板最后一次浇筑混凝土要严格控制重晶石混凝土浇筑厚度及平整度，厚度控制必须采用中部加密水平控制点结合布置周边环形控制点进行，达到设计标高后，用木尺刮平，及时排除表面积水，初次抹平 4h 左右

（视混凝土收缩情况定），应用木抹子搓 1～2 遍，消除早期裂纹。混凝土收浆后，在混凝土终凝前要用木抹子多次抹压，防止表面出现收缩裂纹。

9）重晶石混凝土成型后温度监测

温度测定：垂直方向上，在距混凝土表面 100 mm 及混凝土的中间部位布置三个测温点，水平方向上，分别在距边缘 1m 和中间部位布置测温点。测温工具选用 JDC-2 型便携式建筑电子测温仪，在混凝土升温保持阶段，2～3h 测温一次；在混凝土温度下降阶段，4～8h 测温一次。

温度控制参数：混凝土浇筑温度不得超过 28℃，混凝土内部和表面的温度之差不得超过 25℃，混凝土的温度骤降不得超过 10℃/h。

10）重晶石混凝土成型后拆模、养护

顶板混凝土采取蓄水法进行养护。水深约 200mm，上盖塑料薄膜。混凝土内部水化热不断地向表面传递，在太阳的辐射作用下，养护水温慢慢升高。这对混凝土的养生特别有利，利于保证混凝土的质量，防止开裂。

墙板采用湿布覆盖，经常洒水湿润，并将加速器机房的门洞封堵，以防散热过快。7d 内保证混凝土养护温度不低于 10℃，相对湿度大于 90%。养护条件对后期混凝土结合水含量影响较大，从而对中子射线防止效果影响较大。资料显示，若养护条件好，一年龄期混凝土结合水含量能增加 5%。

11）重晶石防辐射混凝土专项验收

在防辐射结构整体项目完成，并将原设计采用的辐射源项全部安装到位后，采用专业检测设备对建筑环境背景值进行检测。检测合格整体验收后，出具相关专项验收证明方可投入使用，检测项目见表 3-10。

各项背景值的检测及其所用的仪器　　　　　　　　　　表 3-10

检测项目	仪器名称及型号	探测下限	探测效率或刻度因子
碘-131 表面污染	SJ8900 碘表面污染仪	$0.14Bq/cm^2$	21.7%
β 表面污染	FJ2207 表面污染仪	$0.04Bq/cm^2$	31.2%
x、γ 外照射	LB123 多功能辐射防护测量仪	0.04uSv/h	0.89

（7）质量控制措施：

1）由于重晶石具有强度较低、性脆的特点，所以混凝土搅拌时间不宜过长，40～50s 为宜，否则，将大大增加石粉的含量，影响混凝土的工作性能。防辐射机房墙体及顶板混凝土尽量一次性连续浇筑，若须留施工缝，不得留设水平施工缝，以防止射线穿过。

2）因重晶石混凝土堆密度较大，泵送距离一般不超过 50m，以免堵塞管道。混凝土泵管上覆盖草包，经常喷水保持湿润，以减少混凝土拌合物因运输而造成的温度升高。

3）混凝土泵车输送导管距浇筑面的高度不大于 2m，以防止混凝土产生离析。为保证混凝土振捣密实，要分层下料和振捣，混凝土每层浇筑厚度控制在 300mm 左右，上层混凝土浇筑必须在下层混凝土初凝前进行。

（8）施工注意事项：

1）防辐射混凝土比普通混凝土密度大，生产时考虑设备的荷载能力，每盘材料用量按普通混凝土的 60%～70% 计量，即每盘搅拌 0.6～0.7m³ 防辐射混凝土，运输罐车只装 4m³ 左右的防辐射混凝土。

2）防辐射混凝土集料的密度较大，混凝土易分层，出机混凝土坍落度宜控制在（140±20)mm，砂率控制在 40%。根据施工经验，若设计防辐射混凝土强度等级为 C35，混凝土的配合比为水泥：砂：碎石：水：HE-L0 型缓凝高效减水剂＝1：1.9：3.4：0.42：0.01，每立方米混凝土加入 100kg 重晶石施工过程中，测定砂、石的含水率，及时调整配合比。

3.2.1.2 防辐射超厚大体积混凝土施工技术

加大混凝土构件截面尺寸，使混凝土具备防辐射功能，也是常用的防辐射手段之一。这样的结构中，房间的底板、墙、顶板都是超厚的大体积混凝土构件。对于底板和墙体的施工，我们经验较为丰富，但超厚的顶板却比较少见，施工经验有可借鉴之处。

施工重点：顶板钢筋层数多，要针对性地设计钢筋支撑；顶板超厚、荷载大，要专门设计模板支撑以确保安全性。为了保证侧模刚度，要有可靠的拉结措施；墙体较厚，钢筋排数多，要合理确定钢筋绑扎顺序；大体积混凝土的浇筑及养护是确保不出现裂缝的关键。

施工技术要点：

（1）墙体钢筋绑扎顺序

暗柱钢筋→墙体内层钢筋→水电套管→墙体外层钢筋→墙体定位钢筋、定位卡具→封模板、浇筑混凝土

墙体较厚，竖向钢筋容易变形，板筋绑扎到墙筋上易使墙筋发生变形，应在墙体的两片钢筋之间加斜支撑或在墙内设马凳支撑。

（2）楼板钢筋支撑

顶板的每层钢筋之间要设置支撑，支撑的形式根据所要承受的荷载来确定，通常采用的形式是用 ϕ22 钢筋做马凳支撑，间距 1000mm 设一道，高度根据需要制作，如图 3-11 所示。

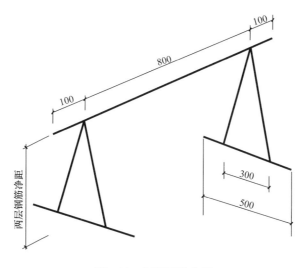

图 3-11　钢筋马凳支撑

（3）楼板模板支撑及拉结

模板和支撑的选材与普通混凝土楼板相同，模板采用多层木胶合板，通常厚度为 15mm 和 18mm，龙骨可根据实际情况采用 50mm×100mm、100mm×

100mm、60mm×80mm 木方或 $\phi48$ 钢管。支撑架采用满堂红钢管（或碗扣式）支撑脚手架，支撑立杆纵横向间距根据计算得出。立杆间布置双向水平钢管支撑，步距为 1.2m，并布置垂直剪刀撑，每根立杆下设置底托，顶部设置可调节 U 托调整模板高度。由于超厚楼板通过加侧面支撑的方法保证刚度比较困难，也无法设置对拉螺杆，所以需要采用特殊的拉结措施。通常采用对拉螺栓与结构水平钢筋两端相对应焊接的方式。

（4）混凝土养护

混凝土内部与表面温差过大，会造成温度应力大于同期混凝土抗拉强度而产生裂缝，因此养护工作尤为重要，采取保温、保湿养护法。

墙体混凝土浇筑完毕后，在内外侧木模板表面和墙顶浇筑面上覆盖一层塑料薄膜和两层阻燃草袋用以保温，墙顶钢筋处尤其要注意覆盖严密，减少表面热的扩散，使混凝土表面保持湿润状态。

顶板混凝土表面浇筑抹压完毕后，马上覆盖一层塑料薄膜，防止水分蒸发，然后在塑料薄膜上覆盖两层阻燃草袋用以保温，墙柱顶插筋处尤其要注意覆盖严密，减少表面热的扩散，使混凝土表面保持湿润状态。

（5）混凝土测温

为及时掌握并有效控制混凝土的内外温差在 25℃ 以内，防止混凝土裂缝的产生，必须对混凝土的温度进行监测。混凝土浇筑前，将测温线和传感器按测温点布置要求固定在横向钢筋下引出，以免浇筑时受到损伤。传感器不得与钢筋接触。

测温点布置：对于墙体，沿墙体竖向每 2m、水平方向每 20m 布置一组测温点；每组测温点沿墙体水平方向在其表面、中部和另一表面分别埋设测温管，距混凝土墙体两侧表面 10cm 以及混凝土中部分别布置三个测温点。对于顶板，沿顶板纵向每 20m、横向距板边缘 1m 和板中间部位分别布置一组测温点；每组测温点沿垂直高度在其板顶、中部和板底分别埋设测温管，垂直高度依次为板顶－10cm、板中部、板底＋10cm。

测温制度：混凝土温度上升阶段，每 4h 测温一次；混凝土温度下降阶段，每 8h 测温一次；并可根据相关单位要求，调整测温频率。当混凝土内部与表面温度之差不超过 20℃，且混凝土表面与环境温度之差也不超过 20℃时，逐层拆除保温层；当混凝土内部与环境温度之差接近内部与表面温差控制时，则全部撤掉保温层。

（6）防止混凝土开裂的措施

原材料方面采取的措施：选用普通硅酸盐水泥（因水化热较低），同时在混凝土中掺入粉煤灰和矿渣微粉，混凝土密实度有所增加，收缩变形有所减少，泌水量下降。由此会出现水灰比降低，水泥浆量减少，水化热峰值延缓，温度峰值降低，收缩变形也有所减少。

混凝土搅拌站原材料称量装置要严格、准确，确保混凝土的质量。砂石的含泥量对于混凝土的抗拉强度与收缩影响较大，要严格控制在 2% 以内。砂石骨料的粒径要尽量大些，以达到减少收缩的目的。当水灰比不变时，水和水泥的用量对于收缩有显著影响，因此，在保证可泵性和水灰比一定的条件下，要尽量降低水泥浆量。砂率过高意味着细骨料多，粗骨料少，为了减少收缩的作用，避免产生裂缝，要尽可能地降低砂石的吸水率。

混凝土搅拌运输车装料前应把筒内积水排清，运输途中拌筒以 1～3r/min 速度进行搅拌以防止离析，搅拌车到达施工现场卸料前应使拌筒以 8～12r/min 的速度转 1～2min，然后再进行反转卸料。

混凝土中加入聚丙烯纤维和 DS-U 抗裂剂等外加剂，防止混凝土出现裂缝。同时掺加减水剂，一方面，延长水化热释放时间，降低水化热峰值；另一方面，显著补偿混凝土收缩，减少平均温差，避免出现温差裂缝。

施工方面采取的措施：控制混凝土出机温度和浇筑温度。为了减少结构物的内表温差，控制混凝土内外温差不大于 25℃，必须控制出罐温度在 14℃左右。

采用分层浇筑：混凝土采用自然流淌分层浇筑，分层厚度为 50cm 左右。在上层混凝土浇筑前，使其尽可能多地散发热量，降低混凝土的温升值，缩小混凝土内外温差及减少温度应力。

为不使表面混凝土散热太快，使表面保持较高的温度，施工中将采用厚度为 5cm 的两层草袋和一层塑料布养护。

混凝土泌水处理和表面处理：混凝土在浇筑、振捣过程中，上涌的泌水和浮浆沿混凝土面排到设置的集水坑内抽出，以提高混凝土质量，减少表面裂缝。浇筑混凝土的收头处理也是减少表面裂缝的重要措施，因此，混凝土浇筑后，先按标高用长刮尺刮平，在初凝前用平板振动器碾压数遍，再表面压光。

泵送混凝土表面的水泥浆较厚，混凝土浇筑到顶面后，及时把水泥浆排走，按标高刮平，用木抹子反复搓平压实，使混凝土硬化过程初期产生的收缩裂缝在塑性阶段就予以封闭填补，以防止混凝土表面龟裂。

3.2.2 装饰装修工程类

医院的核磁共振室（MRI）、CT 室、X 光室、DSA 机房等房间，通常位于医院的地上一层，这些房间产生的辐射能量较低，为了满足设备的正常运行，周围环境条件要求达到防鼠、防火、防热、防干、防水、防潮、防冻、防酸、防腐、防磁、防雷、防振等要求。通常，设计单位会在图纸中对砌体和抹灰材料、装饰材料、门窗类型等方面作出规定，施工单位需要根据规范要求，制定相应的技术措施。具体到施工环节上，与普通施工技术无太大差别。

3.2.2.1 塑胶地板地面施工

安装设备的房间结构楼板一般下沉 300mm，施工地面时，首先做 100mm 厚 C30 细石混凝土找平层，要求平整光洁，待找平层干燥后做两层 3mm 厚防潮层，四周高出地面（完成面）400mm。为了达到下道工序表面平整度施工要求，每层连接不能采用搭缝连接，需采用拼接连接，对接后用火烤，然后熔接拼缝，上下两层防潮层接缝应错开 400mm 以上，在墙体阴角处不做小圆弧，直接粘贴成直角。防潮层施工完后，进行 3mm 厚 PVC 绝缘板施工，绝缘板与防潮层采用氯丁胶粘贴，待地面和绝缘板背面的胶粘剂手触似粘非粘时开始铺设地板。铺设时从中间位置逐块向四周展开，若需焊接，地板间隙为 2～3mm，边贴边用橡胶榔头敲打以保证地板粘结牢固，直至整个房间施工完毕。绝缘层施工完后，进行铜板层（有的设计为铅板，起屏蔽作用，下同）施工,采用焊接的方法,高出地面 100mm(完成面)。铜板层施工完后,进行 SBS 防水层施工,方法同第一次。防水层施工完后,进行混凝土垫层施工,要求混凝土中不能夹带任何金属物。地面装饰层采用塑胶地板,施工塑胶地板时使用温度湿度计检测温度湿度,室内温度以 15℃ 为宜,不应在 5℃ 以下及 30℃ 以上施工;相对空气湿度应介于 20%～75% 之间。混凝土垫层强度不低于 1.2MPa。吸收性的基层混凝土垫层应先使用多用途界面处理剂,按 1:1 比例兑水稀释后,进行封闭打底。将搅拌好的自流平浆料倾倒在施工地坪上,它将自行流动并找平地面,随后应让施工人员穿上专用的钉鞋,进入施工地面,用专用的自流平放气滚筒在自流平表面轻轻滚动,将搅拌中混入的空气放出,避免气泡麻面及接口高差。

3.2.2.2 设备基础施工

一般需要先将设备荷载交给设计院复核后再进行施工。施工时,应在机房内先定位弹线,后浇筑基础。基础浇筑时,根据图纸确定好预埋螺栓杆或预留螺孔的位置(相当重要,必须埋设准确),以便机器安装。如果预埋件位置不准确或事后开孔,容易导致基础破裂及机器底座松动。基础浇筑完后,应在 2h 内找平,否则容易起壳,使机器不平衡,对仪器检测的准确性埋下隐患。

3.2.2.3 砌筑及抹灰

砌体应采用红砖实砌,并建议用水泥砂浆砌筑,砌筑时保证砂浆的密实度、饱满度在 90% 以上,否则容易导致射线直穿以及防辐射材料浪费。

墙面抹灰宜采用重晶石砂浆,抹砂浆时要在墙面上拉水平线,选择多点位置做灰饼,以确保整个墙面既在同一水平上,又满足墙面防护层达到 5cm 以上厚度的要求。重晶石砂浆按比例与水泥、重晶石搅拌成砂浆,均匀涂拌在基层处理完毕的墙面上。5cm 厚的重晶石砂浆应分 6～7 次完成。第一次抹灰浆在阴干至 80% 以后才能进行第二次粉刷,依次类推。严禁一次或二次内完成砂浆的粉刷工程。重晶石砂浆施工完毕之后安装铜板(有的设计为铅板,下同),用于磁屏蔽。铜板安装在木龙骨(刷三道防火涂料,木龙骨不具有导磁性)上,用非导磁不锈钢小钉固定铜板在木龙骨上,铜板厚度为 0.5mm。铜板之间采用铜焊条焊接，接缝翻卷、扣接、焊牢。铜板施工完后，在铜板之上安装木龙骨用于固定双面石膏板，双面石膏板与铜板之间放置 5mm 厚隔声棉。最后施工墙面装饰层。

3.2.2.4 吊顶施工

首先安装承重架（木龙骨），用于铺设 5mm 厚铜板，顶面铜板与防护墙连接重叠处不得小于 5cm，需平整，不得有折皱。为确保屏蔽体的严密性，所有搭接焊缝都需经过严格检查，保证焊缝表面牢靠，使得屏蔽系统包括墙壁、屋顶门窗等内的屏蔽铜板连接为一体。

3.2.2.5 门窗安装

门和门框内使用紫铜板包裹时，为解决门缝电磁场泄漏问题，需在门缝及四周门边扣接，也就是门缝处内部均有屏蔽铜板搭接，并采用铜铰链，门的屏蔽层留有接地端，用编织铜网与墙壁屏蔽层焊接，保证门与屏蔽墙之间有良好的电气连接。屏蔽门与墙体采用 M8×110 不锈钢螺栓连接。屏蔽窗与屏蔽体用铜板做过渡带，与屏蔽体采用铜条焊接连接。

门框内安装铅板时，首先插入墙内 2cm 或做窗套，用铅板沿窗台板包至墙边，盖住缝隙在 3cm 以上，或用涂料粉刷厚度在 3cm 以上。在铅板与铅玻璃相接处重叠部分不应小于 2～3cm，否则容易导致射线折射穿出。门缝处用铅板包至墙边 5cm，靠框边处压住距边 3cm，并在外墙粘贴细木工板饰面板做门套，门套与墙垂直方向（射线方向）不得用钉子打穿铅板，最好用胶水粘贴。门的叠缝处应保证铅板叠缝在 1.5cm 以上。门的锁孔也是一个防射线的难点，应加以严格处理。机房门槛应根据用途及病人的需要做不同处理，以便推拉车平稳进出，门槛内设有 3mm 厚铅板，防止射线穿缝隙而出。安装门及框之前必须先保证机器能够进入或先让机器进入。

建议铅玻璃厚度为 18～21mm，相当于 3～4 个铅当量（此处无墙体）；门上及门窗套的铅板厚度为 3～4mm，相当于 3～4 个铅当量（此处至墙体）。

3.2.2.6 机器放射源的控制

应考虑机器放射源的强弱，可在上层楼面或机器底部垫上铅板（具体根据机器射线的当量定厚度），防止放射源射线强大的方向穿透一般防护；也可在该放射源射线较强的上层楼面或该层楼面加厚涂料，以减小射线污染。

3.2.2.7 防辐射涂料施工

粉刷前，应去除干净墙上残留起壳的砂灰、砖屑、模板油、混凝土的粉尘，并在混凝土面上涂刷胶粘剂，局部应凿毛。当墙体湿润至 7 分时，进行水泥砂浆打底粉刷。涂料较厚时，应分几遍粉刷涂料，每遍不超过 5～8mm，间隙时间一般在 8～12h（以墙面呈 7 分干为宜）。施工现场要求打开窗户，保证通风，且温度不低于 15℃，防止墙面不干而产生垂裂。粉刷时应由下而上，用力压平，不要反复推拉，打底不要压光，保持平整即可，最后一次压平拉毛，防止龟裂和脱落。拌料时要求每平方米加专用胶粘剂 0.3～0.5kg，涂料与水泥比为 5∶1.3，一般不能超过 5∶1.5，并加适量水，先将涂料、水泥混合，而后一起搅拌。

防辐射涂料施工的节省措施：防辐射涂料是一种由多种金属元素及化学原料组成的金属细粒及石粉，如果达到一般规定的厚度，将能充分抵挡防污射线的穿透，并吸收部分射线。该材料厂家较少，价格较高，一般在 4000～4800 元/t。该材料一般作为粉刷机房墙体用，在粉刷时应尽量减少浪费。拌料的数量应根据当天施工面积而定，用多少拌多少，防止材料固化，且最好在出料后 2h 内用完。另外，砖墙砌筑时肯定会有某些不平整的地方或砖缝之中有部分空隙，尤其在反面墙，会造成大量浪费，并且厚薄不均匀，无法控制，所以最好先用水泥砂浆打底找平但不能太厚。

施工注意事项：砖砌体与混凝土接触处采用钢丝网铺设，防止开裂造成脱落及射线外漏，因为一旦开裂，修补将非常困难，并会有一条小裂缝，且浪费材料。

防护门铅板厚度为 3～4mm，相当于 3～4 个铅当量，且门叠缝处厚度应控制在 1.5cm 以内，门缝及门底加设门套，门槛内垫铅板。

涂料厚度，一般 ECT 为 3～4mm，相当于 3～4 个铅当量，具体根据所选仪器及厂方要求确定。

铅玻璃厚度为 18～21mm，相当于 3～4 个铅当量，这个地方是医护人员操作场所，暴露在射线之下。

机房机器上下部位垫铅板或加厚防污涂料。

机房控制室墙最好为双面涂料粉刷，并保证控制室的通风，以确保医护人员的安全。

涂料顶棚粉刷最好放在上一层的楼面，这样不容易因为楼板振动或粘结不牢而脱落。

注意：装修时的钉眼不能穿透粉刷层或铅板层。

涂料厚度在 2mm 以上时可以相对减小粉刷厚度（但施工时有一定难度），以减少成本，具体根据厂方要求及业主的布置来确定。

机房的电缆沟一般低于正常地坪，所以无法用涂料找平，此时用 3mm 厚铅板做一凹槽，垫入电缆沟，其他房间如控制室、走廊以及机房的电缆沟盖板最好采用活动地板。

3.2.2.8 电线管与配电箱及消防箱埋设

电线管开槽施工后，应先将线管固定，并用水泥砂浆找平，再粉刷涂料。配电箱、消防箱及开关插座背后应垫加铅板或涂料，两边伸出至少 5cm，以确保射线不外漏。

暗室施工应保证通风系统，但也要绝对保证无光线，暗室水槽最好采用瓷质，防止氧化及化学药水的污蚀，也可用不锈钢等材料。

3.2.2.9 设备就位

防辐射门窗、涂料施工完后，由专业厂家安装设备。但 ECT 这类大型设备必须留有确保机器进入机房的洞口，待机器进入机房后再封墙及安装门框、扇。若仪器后装吊顶支架，就位时必须考虑应挂仪器的重量，再选用支架规格。安装支架时必须保证横梁的水平及侧面垂直度，两端应搁置在 240mm 墙的 2/3 以上，搁置点上垫钢板或不小于 240mm×500mm 的混凝土体，并在支架边与墙体焊接小三角支架倒挂，确保能承载机器重量。应确保支架与地面仪器距离，否则会产生检测不准确等问题。支架上安装挂件仪器导轨时的孔洞，应在支架未安装时先行开孔，以保证孔洞的准确性。

3.3 医院智能化控制技术

3.3.1 概述

医院智能化系统如图 3-12 所示，其中综合医疗信息管理系统及医院专用系统为医院工程特有，现主要介绍这两方面的内容。

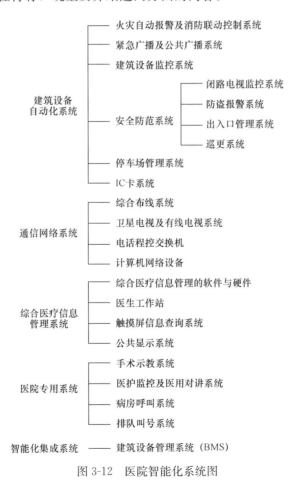

图 3-12 医院智能化系统图

3.3.2 系统组成

3.3.2.1 综合医疗信息管理系统

综合医疗信息管理系统包括综合医疗信息管理的软件与硬件、医生工作站、触摸屏信息查询系统、公共显示系统等内容。

（1）综合医疗信息管理的软件与硬件

综合医疗信息管理的软件应符合原卫生部 2002 年 4 月发布的医院信息系统的规范和标准。宜在 UNIX、Linux、Windows 和其他成熟、开放的操作系统上运行，可支持多种数据库，满足医院综合医疗信息管理系统的要求。如有与其他异构系统互联、互通和互操作的需要，应事先对接口部分提出明确要求。

（2）医生工作站

实际上是指医生工作站系统，它是整个 HIS（医院信息系统）的中心环节。原卫生部 2002 年在《医院信息系统基本功能规范》中指出：医生工作站系统是"协助医生完成日常医疗工作的计算机应用程序"，分为门诊医生工作站分系统和住院医生工作站分系统。

门诊医生工作站分系统工作流程：护士分诊病人→医生选择候诊队列→下达医嘱（处方或检查检验申请）→交费处理→药房取药或到检查科室检查。住院医生工作站分系统流程图如图 3-13 所示，医生工作站的基本功能模块如图 3-14 所示。

（3）触摸屏信息查询系统

在医院的公共场所（出入院大厅、挂号及收费处等）设置触摸屏信息查询终端，为病人提供各种咨询服务。触摸屏信息查询终端宜与医院的医疗信息管理系统联网，提供必要的信息。

（4）公共显示系统

本系统主要由 LED 大屏显示系统及多媒体触摸屏查询系统组成。LED 大屏显示系统主要由屏幕控制机、视频处理和控制单元、通信模块、数据分配和

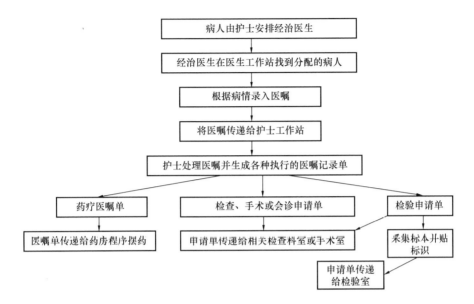

图 3-13　住院医生工作站分系统流程图

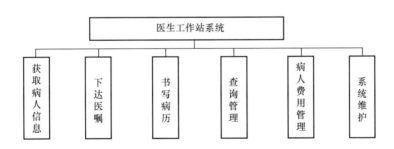

图 3-14　医生工作站的基本功能模块图

扫描单元、显示屏幕等组成。门诊大厅设 LED 双基色显示屏,通过显示屏显示专家坐诊时间表等;一层住院大厅设 LED 双基色显示屏,通过显示屏对外发布各类公众公告、卫生保健常识宣教等信息。多媒体触摸屏查询系统主要由控制电脑及软件、液晶显示器、触摸屏及立柜等组成;在一层门诊大厅和住院大厅各设若干套触摸屏,供病人及其家属了解医院介绍、各科室介绍、医院文化、医院特色等多媒体信息。

3.3.2.2　医院专用系统

医院专用系统包含：手术示教系统、医护监控及医用对讲系统、病房呼叫系统、排队叫号系统等内容。

（1）手术示教系统

本系统主要由手术室设备、控制室设备和示教室设备三部分组成。手术示教系统线缆均接入手术部示教（手术讨论）室，该系统控制设备设于此处。

手术室设两台智能一体化快球摄像机，分别用于全景监视和手术过程监视，医生佩戴无线领夹式话筒和耳机，用于双向音频传输。各个手术室采集的音视频信号接入音视频服务器，通过医院内部网络与计算机中心的连接，数据一方面可保存在计算机中心服务器，另一方面可直接供示教室观摩学习。

（2）医护监控及医用对讲系统

传染综合楼的病房护理单元设独立的医护监控系统，每间病房设摄像机一台，用于病房全景监视，该系统控制设备设于该护理单元的护办房间。

手术部设计医用对讲系统，系统主机设于手术部门口的护士站，在各手术室内设置免持听筒对讲电话。手术进行过程中需要外界配合时，可以启动并呼叫护士，以实现手术室与护士站之间、护士站与中心供应之间的对讲，使手术部与整个医院构成一个完善的通信系统。

（3）病房呼叫系统

本系统按病区护理单元来划分护士呼叫管理单元。每个呼叫单元的系统主机及控制器设于该护理单元的护士站，每个病区病房内病床床头的设备带上均设有对讲呼叫单元、呼叫复位按钮，浴厕内设有紧急呼救按钮，病房门外设有门灯，在走廊上设置走廊显示屏，以实现病人和护士双向对讲的功能。呼叫等级分为普通呼叫、优先呼叫和紧急呼叫三级，主机可用话筒或单键触摸形式与患者联系。每个呼叫主机具有数据保持功能，主要记录病人呼叫时间和相应等待时间。主机应提供数据开放接口，以便接入医院的 HIS 系统，实现数据交换、工作量统计及监控的功能。

（4）排队叫号系统

本系统由分诊排队叫号系统和取药叫号系统两部分组成。

分诊排队叫号系统使用电脑直接控制叫号系统、显示系统、语音系统及票号打印系统，可同步显示当前工作状况；主要由导医台控制电脑及软件、语音分线盒、热敏打印机、叫号器、诊室显示屏、主显示屏、音箱等连接线路组成；设置在门诊各分诊候诊厅、各功能检验候诊厅等处。

取药叫号系统使用电脑直接控制叫号系统、显示系统及语音系统，可同步显示当前工作状况；主要由窗口软件叫号器、语音分线盒、窗口显示屏、主显示屏、音箱等连接线路组成；设置在门诊药房、领药柜台等处。

3.4 医用气体系统施工技术

3.4.1 概述

3.4.1.1 医用气体系统设计要求

医用气体系统是指向病人和医疗设备提供医用气体或抽排废气、废液的一整套装置。

常用的供气系统有氧气系统、二氧化碳系统、氩气系统、氦气系统、氮气系统、压缩空气系统等。常用的抽排系统有负压吸引系统、麻醉废气排放系统等。系统设置多少根据医院的需要决定，但氧气系统、压缩空气系统和负压吸引系统是必备的。

供气系统一般由气站、输气管路、监控报警装置和用气设备四部分组成。

以氧气系统为例：气站由制氧机、氧气储罐、一级减压器等组成；输气管路由输气干线、二级稳压箱、表阀箱、楼层总管、支管、检修阀、分支管、流量调节阀、氧气终端等组成；监控报警装置由电接点压力表、报警装置、情报面盘等组成；用气设备为湿化瓶或呼吸机等。

负压吸引系统由吸引站、输气管路、监控报警装置和吸引设备四部分组成。吸引站由真空泵、真空罐、细菌过滤器、污物接收器、控制柜等组成；输气管路由吸引干线、表阀箱、楼层总管、支管、检修阀、分支管、流量调节阀、吸引终端等组成；监控报警装置由电接点真空表、报警装置、情报面盘等组成；吸引设备为负压吸引瓶。

麻醉废气排放有两种方式：真空泵抽气和引射抽气。引射抽气系统由废气排放终端、废气排放分支管、支管、废气排放总管等组成。

洁净手术部：每间手术室的墙壁及吊塔上均各设一组气体终端，每组五气（氧气、负压吸引、压缩空气、笑气、二氧化碳）。复苏室氧气终端、负压吸引和压缩空气每床一组。

氧气、负压吸引、压缩空气由大楼中心供气站供气至楼层管井，预留接口位置，预留接口其后的管道及终端由中标方负责采购、安装。设备层应考虑各种气体罐将来如何进入设备层，应考虑预留通道。吊塔上设置一组麻醉废气排放终端，麻醉废气排放采用压缩空气射流形式排放，直接排至室外。笑气、二氧化碳等气体汇流排由中标方提供，设置在设备层内。所有气体管道均通过楼层阀门报警箱和减压箱后进入手术室、复苏室。各手术室多功能控制面板设有气体报警装置。洁净手术室内应设置能紧急切断集中供氧干管的装置。气体终端若采用进口品牌，必须操作方便，接口不具备互换性。除废气排放管道采用高强度 PVC 管外，其他气体管道采用符合 DIN 标准的不锈钢管。管道、阀门、仪表等安装前均须清洗及进行脱脂处理，并用无油压缩空气或氮气吹净。进入手术室及各用气设备的医气管道必须接地，接地电阻不得大于 4Ω。

ICU 重症监护病房：每张床位设置一组氧气、笑气、负压吸引及压缩空气，终端采用功能柱的形式。废气排放采用高强度 PVC 管，其他所有气体管道均采用不锈钢管。

3.4.1.2 医用气体系统的安装

医用气体系统的安装步骤大致如下：成品定位、安装；勘测管路安装路线并确定管路的安装位置；设计、制作、安装管道支架；管路安装（包括管道制作，管子、管件、阀门的连接和固定）；管路系统的清理和吹扫，阶段性检验；系统调试和气体置换。

确定管路安装位置：管道布置及走向见《医用气体管道系统图》和《医用气体管道平面图》，还应根据现场的土建情况和其他系统的布置情况作调整。气体管道的安装位置（安装高度和与墙的距离）在现场勘察后确定，并应考虑医用气体管路布置点。

管道支架设计、制作、安装：医用气体管道应单独做支、吊架。支、吊架间距不应大于表3-11的数值。支、吊架形式根据现场情况确定。然后根据管道的数量、重量、间距及支、吊架的间距，设计、制作管道支、吊架。根据载荷大小，管道支架可以设计成倒 L 形或三角形；管道吊架可以设计成倒 T 形或倒 n 形。管道支、吊架各构件采用焊接或螺栓连接的方式组装在一起。支、吊架的管道支承面上应钻出 U 形螺栓的安装孔，孔的大小和间距按 U 形螺栓的规格和管道中心距确定。支、吊架的金属表面应喷涂红丹防锈底漆和灰色面漆（磁漆）。管道支、吊架可用膨胀螺栓和吊紧螺栓固定在墙上和顶板上，也可焊接在墙和顶棚的钢骨架上。用螺栓固定时，支、吊架的安装面应事先钻出螺栓孔。直管道支、吊架的安装应保证管道轴线成一直线。

管道支、吊架间距   表 3-11

管道公称直径（mm）	≥4，<8	≥8，<12	≥12，<20	≥20，<25	≥25
支、吊架间距（m）	1	1.5	2	2.5	3

管路安装：管道的排列顺序及各段管道的材料和规格见《医用气体管道系统图》和《医用气体管道平面图》。粗管道应设在支架的里侧，氧气管应在外侧。管道一般用 U 形螺栓固定在管道支、吊架上，小管道也可支承在大管道上。在金属管道与 U 形螺栓和支、吊架之间必须衬垫 3～5mm 厚的弹性绝缘材料（聚氯乙烯板或绝缘橡胶板）。管道不应卡得过紧，以使其在热胀冷缩时可以自由移动。管道的弯曲半径不应小于 2.4 倍管外径，氧气、笑气管的弯曲半径不应小于 5 倍管外径，且不允许采用有褶皱的弯头。穿楼板或墙壁管道必须加套管，套管内的管段不应有焊缝和接头，管道与套管之间的缝隙应用不燃烧的软质材料填满。正压气体管道贴近热管道（温度超过 40℃）时，应采取隔热措施。管道上方有电线、电缆时，管道应包裹绝缘材料，也可外套 PVC 管

或绝缘胶管。管道上应设置试压、吹扫所需的临时接口。

管道与管道、管道与阀门的连接方式：铜管通过管接头相互连接时，一般采用承插式银基钎焊连接，连接件和钎料应符合《银钎料》GB/T 10046—2018规定，连接件应采用建筑用铜管管件。不锈钢管通过管接头相互连接时，一般采用氩弧焊对焊连接或管螺纹连接，氩弧焊焊丝采用 H0Cr18Ni9，连接件采用不锈钢制对焊无缝管件或不锈钢制水、煤气管螺纹管件。镀锌钢管的连接一般采用管螺纹连接和法兰连接，连接件采用水、煤气管螺纹管件和钢制管法兰。吸引管道的总管与支管、支管与分支管之间的连接应为法兰连接或活接头连接，硬聚氯乙烯（PVC-U）管一般采用承插胶接连接或热风焊连接，连接件采用硬聚氯乙烯管件。管道与阀门的连接方式见《管道与终端设备、阀门典型连接图》，吸引总管与公称直径大于DN50的球阀一般采用法兰连接。

管道连接的注意事项：硬聚氯乙烯（PVC-U）管进行热风焊时，焊枪口喷出压力为 50～100kPa、温度为 200～240℃ 的加热空气，将管道、管件、焊条同时加热，使焊条软化并与管道、管件相互熔合，填满焊缝。加热温度低，易造成不完全熔合；加热温度高，易烧焦塑料。焊接速度一般为 0.1～0.25 m/min，不能过快，以焊缝两边有浆状挤出为止。焊接应在室温大于 5℃ 的场所进行。硬聚氯乙烯（PVC-U）管采用胶接连接时，胶合面必须清洁，无油污、灰尘和水分。管道插入承口时，要尽量往里插紧。胶粘剂用量要适当，少了不能充分胶合，多了固化缓慢。胶粘后，一般需经24h才会完全固化，在此期间，不要移动管道。不论金属焊接还是非金属焊接，都应按相应的焊接工艺规程进行。焊后应进行目视检查，焊缝不允许有气孔、缩孔、裂纹、夹渣、凹坑、虚焊、漏焊、过烧等缺陷。检查不合格允许补焊，但不超过3次。公称直径 $D<50mm$ 的金属管，对焊缝间距不宜小于 50mm；公称直径 $D≥50mm$ 的金属管，对焊缝间距不宜小于 100mm。不宜在焊缝及其边缘开孔接管。焊缝距弯管的起弯点不宜小于100mm。管道的焊缝不能进入套管中，也不能处在管架的范围内。正压气体管道（废气排放管除外）的管螺纹连接处应采用聚四氟乙烯胶带作密封材料。法兰应根据管道的材料、规格、最高工作压力以及法

兰的形式和尺寸来选用。

铜管采用铜法兰；普通钢管采用 Q235-A 制作的钢法兰；不锈钢管采用不锈钢法兰。螺栓、螺母的材料为 Q235-A。吸引管道应选用公称工作压力不小于 1MPa 的凹凸面管法兰。密封垫片用厚度为 0.8～3mm 的工业橡胶板或低中压石棉橡胶板制作。

管道连接处，特别是可拆连接处应有良好的导电性，否则应用搭铁线或铜片连通。进入手术室的金属气体管道必须接地，接地电阻不应大于 4Ω；其他部位的金属气体管道及二级稳压箱出口处也应静电接地，接地电阻不应大于 100Ω；氧气、吸引管道的接地电阻不应大于 10Ω。不同系统的管道应有明显不同的识别标志（例如涂色圈），以便区分；管道需要装拆、检修、维护的地方必须有识别标志；每个支、吊架附近也要有识别标志，色圈的颜色按表3-12确定。

管道色圈的颜色 表 3-12

管路系统	氧气	笑气	氩气	二氧化碳	压缩空气	氮气	吸引	废气排放
色圈颜色	绿	紫	红	蓝	白	黄	天蓝	黑

管路系统的清理：将安装现场的垃圾、废料清理干净。设备、材料摆放整齐。将管道、成品表面擦洗干净。嵌壁终端箱、气体报警箱、二级稳压箱等箱体内部也要清理干净。

吹扫：吹扫用的气体为干燥的无油压缩空气或氮气。气源可以是医院的中心气站、气体汇流排或气瓶。气量要备足。用气体插头或专用工具将各系统所有的气体终端打开，所有控制阀打开，并开至最大，管道上的气流死角（如连接压力表的测压管）亦应拆开通大气。用高压软管将管道系统的吹扫口与气源连接在一起，气源与吹扫口之间的管路上应装有截止阀、气滤（滤网孔径不大于 25μm）、流量计、减压阀和压力表等监控设备。吹扫时，管道内气体的流速不应小于 20 m/s（通过流量和管道内径计算），连续吹扫 8h。在气流出口处迎面放上白纸，检查气体的清洁度，白纸上没有灰尘、污渍、水分为合格。吹扫后，应将拆开的管接头重新连接好，并关闭所有气体终端。

管路系统的阶段性检查：各种成品应有产品合格证。材料应有质量证明文件。实际使用的管道材料和规格应符合图纸要求或高于图纸要求。已完成的工序中须进行试验和检验的项目应有完整的检验记录并检验合格。系统应安装完整、正确。连接应规范可靠。除楼层总管与供气阀门（或供气管）不连接外，其他管路、阀门和成品都应安装完毕。特别注意：有流向指示的阀门不能装反；二级稳压箱、嵌壁终端箱、气体报警箱等成品的气体进出管不能接错；箱体应安装规范、牢靠。管道、管件表面应无超过规定的机械损伤和严重的锈蚀，不允许有明显的压扁。吊塔及嵌壁终端箱上的气体插座品种和数量应符合图纸要求。将各种气体插头一一插入各使用终端，气体插头的插拔应灵活，插头与插座的结合应气密，同种插头应有互换性，不同气种的插头与插座应不能误插。

3.4.1.3　管路系统的调试

按《医用气体系统调试大纲》进行各项试验和检查，调试完成后，拆去试压表阀组件，封闭各工艺接口（吹扫口、试压进气口等），将各系统的总管与气站的供气管路接通（供气阀门关好）。

3.4.1.4　气体置换

管路系统最终检验合格后，交付使用前应进行各正压气体系统（废气排放系统除外）的气体置换。

置换用的气体是医院中心气站、手术部专用气站供给的各系统的医用气体，将系统内的所有控制阀打开，并开至最大。从楼层气体总管进口处开始，由近及远，依次用气体插头将气体终端打开，将管道上的气流死角（如连接压力表的测压管）打开；全部气体终端打开后，再从楼层气体总管进口处开始，由近及远，依次用气体浓度计检测终端处流出的气体纯度，合格后将终端关闭，直至全部终端都流出合格的气体。如不用气体浓度计，也可通过计算换气量来测算气体浓度。一般用于置换的各系统的医用气体用量不应小于该系统管道总容积的 3 倍。

3.4.2 施工要点

3.4.2.1 气源设备施工技术

（1）设备要求

一般采用的气源设备有液化空气分离装置、分子筛变压吸附分离装置、膜渗透分离装置、空气压缩机等，图 3-15 为双机组分子筛制氧系统，图 3-16 为分子筛高纯氧提取设备。

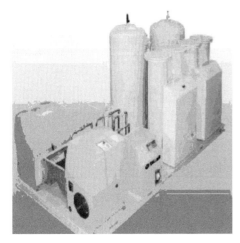

图 3-15　双机组分子筛制氧系统　　　　图 3-16　分子筛高纯氧提取设备

工业上制取氧气、氮气等气体一般采用液化空气分馏法，即先除去空气中的水分和二氧化碳，接着对空气进行压缩、降温使之液化，然后利用液氮（沸点−196℃）、液氧（沸点−183℃）、液氩（沸点−186℃）沸点的不同，进行分馏。当液化空气温度升高到超过−196℃时，低沸点的氮气就从液化空气中大量蒸发出来；当温度升高到超过−186℃时，氩气就从液化空气中大量蒸发出来；最后剩下的就主要是液氧了。当然这些气体都是不纯的，还要经过精馏、纯化、干燥才得到我们需要的高纯度气体。

空气液化的方法有林德法和克劳德法。其基本方法是利用空气压缩时温度要升高、膨胀时温度要降低的热力学原理，对空气反复进行压缩-冷却-膨胀，使其温度逐渐降至−196℃以下，成为液态。有的医院也采用分子筛变压吸附分离装置直接将空气中的氧气、氮气等成分分离出来，如图3-17所示。

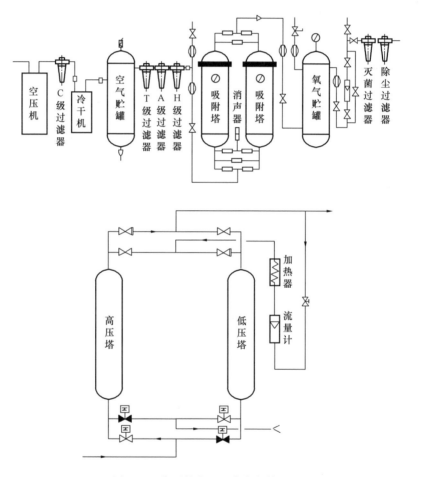

图 3-17　分子筛变压吸附分离装置图

　　分子筛是一种由硅（铝）氧四面体（SiO_4、AlO_4）组成的具有笼形孔洞骨架的晶体，经脱水后能制成具有吸附能力的多孔固体。分子筛的微孔分布均匀单一，孔径与分子大小相当，一定的孔径只允许一定直径的分子进入。不同成分、不同工艺，制得的分子筛微孔大小也不相同，因此分子筛的吸附具有选择性。

此外，分子筛的选择性还与气体分子的极性、不饱和度和极化率有关。例如，3A分子筛只吸附水，不吸附二氧化碳等气体，可用于气体干燥；5A分子筛只吸附分子直径小的氧分子，不吸附分子直径大的氮分子，可用于氮、氧气分离。

分子筛的吸附能力与气体的温度和压力有关。压力高、温度低，吸附量大。反之，压力降低、温度升高，吸附能力就减小，原来多吸附的气体还会吐出来。因此，分子筛吸附是一个可逆的过程。

吸附过程中气体要放出热量，随着吸附的进行，分子筛温度逐渐升高，内容积逐渐减少，所以分子筛吸附到一定程度就吸不进去了，需要再生（加温或减压进行解吸）。因此分子筛变压吸附分离装置一般由两个吸附塔组成，轮流进行吸附和解吸。

医用氧气一般不采用水电解法生产，因为这种氧气纯度不高，含水量大。

压缩空气一般用空气压缩机生产。空气压缩机有活塞式、离心式、螺杆式等多种形式，按润滑形式分，还可分为有油润滑和无油润滑两类。医用压缩空气要求清洁无油，因此最好采用无油润滑的空气压缩机生产。但有油润滑的空气压缩机目前价格较低，在加装油水分离装置后，也可使用，图3-18为压缩空气站。

图 3-18 压缩空气站

用气量大的医院和无供气渠道的医院一般采用这种气源。这种气源一次性投资较大，管理、维修成本较高，但无停气之忧。如能保持连续生产，生产成本也不会高。

负压吸引系统的气源是负压吸引站。负压吸引站一般由水环真空泵、真空罐、汽水分离器、灭菌器、控制柜及管路、阀门等组成。负压吸引站工作时，通过真空泵抽气使真空罐的内压维持在 $-0.03\sim-0.07$ MPa 之间，再由真空罐通过管路系统和负压吸引瓶抽吸污液。图 3-19 为负压吸引机。

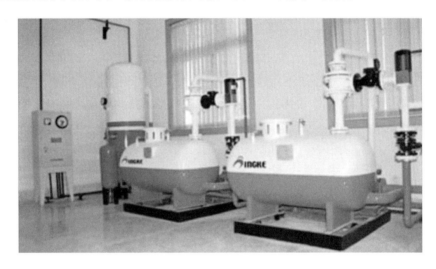

图 3-19 负压吸引机

（2）设计要求

气源及装置应符合下列要求：供给洁净手术部用的医用气源，不论气态或液态，都应按日用量要求贮备足够的备用量，一般不少于 3d。洁净手术部可设下列几种气源和装置：氧气、压缩空气、负压吸引、氧化亚氮、氮气、二氧化碳和氩气以及废气回收等，其中氧气、压缩空气和负压吸引装置必须安装。气体终端气量必须充足、压力稳定、可调节。洁净手术部用气应从中心供给站单独接入；若中心供给站专供手术部使用，则该站应设于非洁净区邻近洁净手术部的位置。中心供给站气源必须设双路供给，并具备人工和自动切换功能。

供洁净手术部的气源系统应设超压排放安全阀，开启压力应高于最高工作压力0.02MPa，关闭压力应低于最高工作压力0.05MPa，在室外安全地点排放，并应设超压欠压报警装置。各种气体终端应设维修阀并有调节装置和指示。终端面板根据气体种类应有明显标志。洁净手术部医用气体终端可选用悬吊式和暗装壁式，其中一种为备用。各种终端接头应不具有互换性，应选用插拔式自封快速接头，接头应耐腐蚀、无毒、不燃、安全可靠、使用方便。

（3）压缩空气气源设备施工技术

医用气源设备包括各种形式的空压系统、真空系统以及制氧系统等产品。下面以压缩空气气源设备为例介绍其气源设备施工技术。

1）设计要求

压缩空气站在设计上重点考虑：采用双路并联系统，选用两台南京英格索兰（美国英格索兰 INGERSOLL-RAND、国际领先技术）无油活塞式空气压缩机，自动交替帮助工作。当一台压缩机工作达不到要求时，另一台自动并联运行；一台压缩机停机维修时，另一台可继续工作。具有自动及人工控制两种功能。

空气站电气设备与空气设备之间的绝缘电阻大于 $2M\Omega$，电气设备单独设接地，接地电阻小于 5Ω。空气站设声光报警装置，当超过设定压力时，发出声光报警，报警装置设在值班室。

系统主要配套设备为储气罐、预过滤器、冷干机、精过滤器、活性炭过滤器等。输出过滤精度：粒径 $0.01\mu m$，残油 0.01ppm，输出压力 0.6～0.8MPa。

保护系统具有主电机过载、冷却风扇电机过载、排气温度过高自动报警停机等功能，能实现无人看守24h连续运转。

空气站设在病房楼地下二层，空气输出分两路供气，由分管进入各层，然后进入各病室空气终端。图 3-20 为压缩空气系统流程图。

2）设备基本技术参数

① 空压机：10T3NLE15　2 台

排气量：2×1.25 m³/min（2×72m³/h）

排气压力：0.86MPa

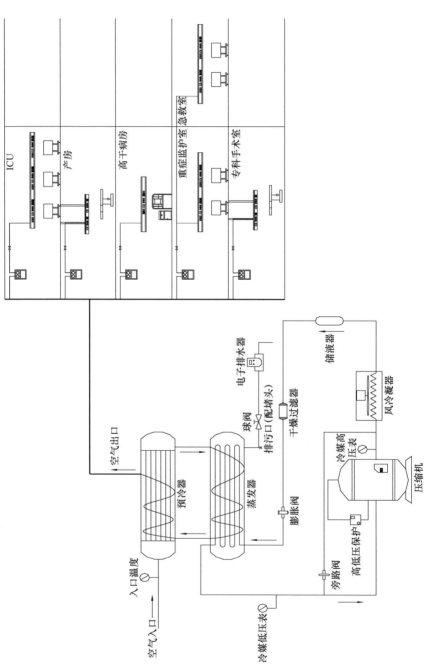

图 3-20 压缩空气系统流程图

电机功率：11kW

电源：380V/50Hz

气体出口含油量：无

机组冷却方式：风冷

噪声：82dB

控制系统：PLC 程控

安装方式：有基础

② 冷干机：2 台

型号：IR14RC

处理量：$2 \times 1.4 m^3 / min$

功率：306W

③ 储气罐：2 台

型号 C-1　$1m^3$ 1.0MPa（最高工作压力）

④ 过滤器：1×3 台

型号：预过滤器 IRGP64、精过滤器 IRHE64、活性炭过滤器 IRAC64

处理量：$1.8 m^3 / min$

3）空气站房设备安装

质量要求：安装符合《现场设备、工业管道焊接工程施工规范》GB 50236—2011 的要求，工程质量符合《工业金属管道工程施工质量验收规范》GB 50184—2011 的要求。

设备安装：设备主要包括空压机、贮气罐、冷干机、过滤器、控制柜。设备体积有限，无须开展吊装方案。设备就位后，按照体积大小和地基位置，先进行贮气罐安装，再进行其他设备安装，接下来进行管路连接，最后进行控制系统的安装。

站房系统采用双路并联系统，自动交替帮助工作。空压机通过地脚螺栓用灌浆法固定在地基上，泵的底面用垫铁找平。管路靠墙安装，过滤器设承重支架，穿墙管加套管。

站房设有声光报警装置，报警装置设在值班室。

空压机房应采用隔声空间，可采用隔震减震基础，基础采用钢筋混凝土浇筑。保证机房外噪声小于 50dB。机房应设有地漏，设备附近有排水管。机房内应安装送风机及风管，保证空气新鲜，气温适中。

电气设备与空气设备之间的绝缘电阻大于 2MΩ，电气设备单独设有接地，接地电阻小于 5Ω。

设备调试：在设备安装完毕、控制系统接通之后，可以进行站房的设备调试。调试内容包括设备工作运转情况是否正常，设备监控仪表的工作值是否正常，气体管路工作介质是否畅通，报警系统是否能够正常预警。

声光报警装置：当超过设定压力时，发出声光报警，在 55dB 噪声环境下，在 1.5m 范围内应听到声报警和看到红色光报警。

启动空压机：当贮气罐压力达到 0.7MPa 时，将普通病房终端接头打开 20%，在最远端用压力表测量压力值，需满足压力值在 0.7MPa 左右，偏差在允差范围内。

3.4.2.2 气体配管施工技术

（1）设计要求

医用气体配管应符合下列要求：

洁净手术部的负压吸引和废气排放输送导管可采用镀锌钢管或非金属管，其他气体可选用脱氧铜管和不锈钢管。

气体在输送导管中的流速应不大于 10m/s。

镀锌钢管施工中，应采用丝扣对接。

洁净手术部医用气体管道安装应单独做支、吊架，不允许与其他管道共架敷设；其与燃气管、腐蚀性气体管的距离应大于 1.5m 且有隔离措施；其与电线管道平行距离应大于 0.5m，交叉距离应大于 0.3m，如空间无法保证，应做绝缘防护处理。

洁净手术部医用气体输送管道的安装支、吊架间距应满足相关规定。铜管、不锈钢管道与支、吊架接触处，应做绝缘处理以防静电腐蚀。

凡进入洁净手术室的各种医用气体管道必须做接地，接地电阻不应大于 4Ω。中心供给站的高压汇流管、切换装置、减压出口、低压输送管路和二次减压出口处都应做导静电接地，其接地电阻不应大于 100Ω。

医用气体导管、阀门和仪表安装前应清洗内部并进行脱脂处理，用无油压缩空气或氮气吹除干净，封堵两端备用，禁止存放在油污场所。

暗装管道阀门的检查门应采取密封措施。管井上下隔层应封闭。医用气体管道不允许与燃气、腐蚀性气体、蒸汽以及电气、空调等管道共用管井。

吸引装置应有自封条件，瓶里液体吸满时能自动切断气源。

洁净手术室壁上终端装置应暗装，面板与墙面应齐平严密，装置底边距地 $1.0\sim1.2m$，终端装置内部应干净且密封。

（2）气体配管施工技术

氧气、氮气、笑气、二氧化碳气体管道材质均为不锈钢管、脱氧紫铜管（简称铜管）。不锈钢管采用氩弧焊接连接；铜管采用钎焊连接，钎料可采用低银焊料或铜磷钎焊料。压缩空气管道、吸引管道材质采用镀锌钢管，要求高的病房内的支管可采用铜管或不锈钢管；镀锌钢管采用螺纹连接，采用聚四氟乙烯填料。

现以医疗气体管道采用不锈钢无缝钢管，连接管件为不锈钢无缝冲压管件，氩弧焊接为例，介绍其管道安装的施工技术。

1）工艺流程及操作要点

气体管道工艺流程图见图 3-21。

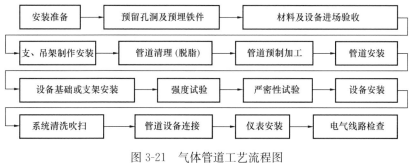

图 3-21　气体管道工艺流程图

2）操作要点

① 施工准备

a. 配合土建工种确定各种管道在梁、墙及楼板等处预留孔洞及套管位置、尺寸，管道支、吊架在墙楼板上的预留位置，固定卡预埋位置等。在楼地面、墙内错漏堵塞或设计增加的埋管，必须在墙、板抹灰面层前埋好。

b. 按照材料的品种性能，对照相应的规范，检查进场材料的外观质量、性能参数等，经检查核实后方能用于工程施工。

c. 管道的预制：不锈钢管的切断可采用锋钢锯断或砂轮切割，不可用氧-乙炔焰切割。不锈钢管道弯曲，小直径管道装芯棒或灌砂，用手动变管器或电动弯管机进行弯曲；直径≥50mm 的不锈钢管应灌砂加热后再弯曲，灌砂时用木榔头敲打、充实。为防止增碳，可将不锈钢管外加碳钢套管加热到 1100℃，弯曲结束后将整个弯头再加热到 1100℃，用水冷却进行淬火处理。不锈钢管变径不允许捧制，使用成品管件。三通应在主管上开孔，把支管焊在主管开孔上，开孔时应先在管上画出孔洞的大小，再敲好中心孔，用台钻钻孔，钻孔速度要比碳钢低 50%，并加水冷却。将不锈钢管焊接。手工电弧焊填充盖面，不锈钢管口焊接后进行酸洗和钝化处理，最后进行焊接检验。

d. 焊接的关键技术点：影响手工氩弧焊焊接质量的主要因素包括喷嘴孔径、气体流量、喷嘴至工件的距离、钨极伸出长度、焊接速度、焊枪和焊丝与工件间的角度等。喷嘴孔径范围一般为 $\phi5\sim20$，喷嘴孔径越大，保护范围越大；但喷嘴孔径过大，氩气耗量大，焊接成本高，而且影响焊工的视线和操作。氩气流量范围在 $5\sim25L/min$，流量的选择应与喷嘴相匹配，气流过低，喷出气体的挺度差，影响保护效果；气流过大，喷出气流会变成紊流，卷进空气，也会影响保护效果。手工钨极氩弧焊时焊枪、焊丝和工件的相对位置如图 3-22 所示。焊接时不仅往焊枪内充氩气，还要在焊前往管子内充满氩气，使焊缝内外均与空气不接触。由图 3-22（b）可以看出，管道尾端的封闭焊口必须用水溶纸代替挡板封闭管口（焊后挡板不能取出，纸在管道水压试验时水溶化）。

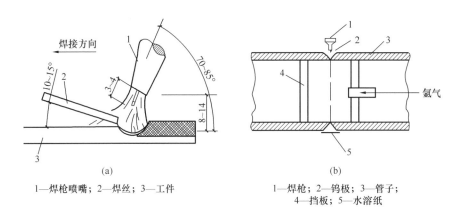

1—焊枪喷嘴；2—焊丝；3—工件

1—焊枪；2—钨极；3—管子；
4—挡板；5—水溶纸

图 3-22 焊接的关键技术点示意图

手工电弧焊填充盖面：焊接环境温度应在－5℃以上，当温度在 5℃以下，焊接工件厚度在 16mm 以上时，焊前宜预热至 80～100℃。对于有化学腐蚀介质管道焊口，应采用短弧，避免运条横向摆动，禁止焊缝超宽超高，降低层间温度，以减少焊肉在敏化温度下的停留时间，从而防止焊缝晶间腐蚀倾向。

酸洗钝化处理：不锈钢管口焊接后进行酸洗和钝化处理，可采取槽浸法或液体循环法，并应根据工程现场实际情况专门制定相应的措施。可用酸膏涂抹焊缝及热影响区以代替酸洗，节约工时和费用，但这是行业内部标准，只有征得建设、监理单位的同意才能使用。酸膏配方是：盐酸（相对密度 1.9）20mL，水 100mL，硝酸（相对密度 1.42）30mL，膨润土 150g。

② 安装阶段

管道安装：管道支架的最大间距见表 3-13。

管道支架的最大间距（m） 表 3-13

管径 DN（mm）	15	20	25	32	40	50	65	80	100
不保温管	3	4	4.5	5	5.5	6	7	9	9

氧气管道绝不可使用易燃、含油的填料和垫料，管材和管件安装过程中要防止油脂类物质的二次污染。

所有使用的管材和管件必须进行脱脂处理并检验合格后才能使用，脱脂剂选用四氯化碳，使用时必须遵守防毒、防火的规定，在通风良好的地方进行。工作人员应穿着防护工作服进行操作，防止把溶剂洒在地上，以免产生蒸汽造成中毒或引起火灾。

管道从脱脂剂取出后，用氮气吹干管内壁，一直吹到没有溶剂的气味为止。脱脂和吹干后的管道为了防止再被污染，应将管道两端以砂布包住。

管道安装后，由于污染必须进行二次脱脂时，应将安装好的管路分卸成没有死端的单独部分，充满四氯化碳脱脂，随后用清洁干燥的热空气进行吹洗（流速不小于 15m/s），吹除干净后，将管路组装起来，安装后的管道的脱脂工作严禁用其他溶剂。

石棉盘根和石棉垫片等的脱脂方法是，把这些填料、垫片在 300℃下焙烧 2~3min，焙烧后涂以石墨粉。非金属材料垫片等表面不得有皱折、裂纹等缺陷。

所有脱脂后的管材及附件应用白色滤纸擦拭表面，纸上不出现油渍，即为脱脂合格。脱脂完成后的管道及管件应妥善保管，防止再被油脂污染，并填写《管道及管件脱脂记录》。

阀门安装要逐个以等于工作压力的气压进行气密性试验，并用肥皂水检查，以 10min 内不降压、不渗漏为合格。

不锈钢管道的支架采用碳钢材料，接触面处必须衬非金属垫极，防止管皮磨损而产生锈蚀。

③ 系统试验

强度试验：氧气、笑气采用气压试验法，试验压力为 0.5MPa。进行试验时，按每 0.1MPa 分级升压，每升一级要观察管道变化，升至所要求的试验压力时，观察 5min，如果压力不下降，再将压力降至 0.4MPa，进行外观检查，以无破裂、变形和漏气现象为合格，并填写记录。不锈钢管道强度试验可用水，但水中氯离子含量不得超过 25ppm。

压缩空气管路试验用水，试验压力 1.0MPa，保持 20min，作外观检查，无异状，然后降至工作压力，在此压力下详细检查各部位，并用质量约 1.5kg

的小锤轻敲焊缝处，以无渗漏为合格。

管道强度试验合格后再进行气密性试验，试验时将气压升至 0.4MPa（压缩空气系统试验压力为 0.75MPa），将所有接口处涂肥皂水检查，并观察 12h，以平均每小时漏率小于 0.5% 为合格。

吹扫：气密性试验合格后，管道须用不含油的空气或氮气吹扫，气体流速不应小于 20m/s，连续吹扫 8h 后，在气流出口处放一张白纸，以白纸上没有灰尘微粒及水分痕迹为合格。氧气管道试运行前，须再用氧气吹扫，用气量应不小于被吹扫管道总体积的 3 倍。

真空系统的安装与氧气系统基本相同，不同之处是强度试验与严密性气压试验的试验压力均为 0.2MPa。系统在试验压力合格后，进行 24h 真空度试验，观察真空表读数，24h 内增压不允许超过 5%。

成品保护措施：各种阀门、电气设备等材料运到现场未安装之前，应开箱检查，分别码放整齐，对个别材料要采取防雨、防冻、防晒等措施，并应有专人看管。

安装过程中遇有防水装饰工程项目交叉施工时，应主动与土建施工负责人协商制定统一的施工工序，对土建完成的防水及装饰工程项目，应给予必要的保护，不得在上述工程项目完成后，再进行破坏性安装。

建筑物室内地坪施工完成后，再进入室内进行管道安装时，带入室内的工作梯子的四条腿应使用橡皮包好，采取保护地坪的措施。

在交叉作业期间，除保护本专业成品之外，注意保护其他专业成品或半成品，防止安装过程中污染土建墙面、地面、顶棚，防止焊接时烧坏墙、地砖。

3.4.2.3　医院蒸汽系统施工技术

医院蒸汽系统的主要用户有中心（消毒）供应室、厨房、洗衣房、病房配餐、热水交换器、病房污洗、空调加湿等。中心（消毒）供应室、空调加湿等蒸汽使用点前的管道上，应设过滤除污装置，以保证蒸汽的品质。

中心（消毒）供应室消耗蒸汽的量一般按 2～2.5kg/(h·床) 计算，该部分蒸汽凝结水，宜集中回收送至医院污水处理站处理后，排至城市污水；其他的蒸汽用量视具体情况而定。各部门使用蒸汽压力见表3-14。

蒸汽、蒸汽凝结水管道及设备应采取保温措施。有关设备、管道和附件的保温计算、材料选择及结构要求可按《设备及管道绝热设计导则》GB/T 8175—2008及《工业设备及管道绝热工程设计规范》GB 50264—2013进行设计。

各部门设备使用蒸汽压力　　　　　　　　　　　　表 3-14

蒸汽压力（MPa）	使用部门
0.3～0.5	中心（消毒）供应室、厨房、洗衣房、病房配餐、病房污洗
0.03～0.1	空调加湿

3.5　酚醛树脂板干挂法施工技术

3.5.1　概述

酚醛树脂板又称千思板（Trespa）、抗倍特板（Compact Grade），是一种高压热固化木纤维板，具有抗撞击、抗紫外线、抗风化、耐磨、耐刻划、耐化学腐蚀、易清洗和防火、防静电、防潮湿等特性，逐渐在室内装修以及室外幕墙工程中推广使用。

酚醛树脂板的固定方法为粘贴固定、铆钉固定和干挂法固定。在建筑施工中，主要采用铆钉固定和干挂法固定。

利用单排横龙骨或者横竖两排龙骨，通过龙骨之间的调节，在一定程度上弥补砌体墙体及轻钢龙骨墙体等墙体施工时产生的误差，保证装饰面平整垂直。采用重力自锁连接扣件系统，将酚醛树脂板固定在横龙骨上，该方法适用于较大面积板材的干挂，干挂完成后板材表面无固定痕迹，方便拆卸调整。在横龙骨插挂板材挂件的特殊槽口处，设置插销式可滑动胶垫，既可反向消除干挂板材所带来的形变应力，也可从根本上消除热变形伸缩噪声。板材安装时采用限位自锁连接扣件和普通自锁连接扣件结合的方式，既能保证板材准确定位，又能保证板材在温差及主体结构位移作用下自由伸缩。

室内墙面面层、有净化要求的装饰面层、耐药耐化学腐蚀等要求的装饰面层，采用双层龙骨的固定结构。该方法是在不同的墙面基层上调节墙面之间的施工差异，最大限度地减少基层对面层平整度的影响。采用重力自锁连接扣件系统，利用板材的重力自锁实现板材的固定，并使用无胶粘等化学连接方式，方便拆改和调整。采用限位锁扣与普通锁扣相结合的方式，一端固定，另一端可调节，保证板材准确定位，同时允许板块在温差及主体结构位移作用下自由伸缩。

3.5.2 施工要点

3.5.2.1 工艺流程及操作要点

施工准备→清理墙面→核对尺寸及误差→排板→墙面放线→树脂板裁切→龙骨安装→板材挂片安装→板材安装→缝隙调整→保护膜清除。

清理结构面层，同步开展吊直、找规矩、弹出垂直线及水平线等工作，并根据内墙板装饰设计图纸和实际需要，弹出安装材料的位置及分块线。墙面板材的分格宽度以设计要求为主，原则上每块板材宽度不大于1500mm，高度不大于3000mm。

按施工图纸要求，安装前选用测量控制点，事先用经纬仪打出大角两个面的竖向控制线，在大角上下两端固定挂线的角钢，用钢丝挂竖向控制线，并在控制线的上下作出标记。画出竖向控制线，随时检查垂直挂线的准确性，弹横向水平通线，至少三根。若通线长超过5m，则用水平仪抄水平，并在墙面上弹出板材安装的每个L形龙骨固定码的具体位置。

在结构墙面上弹好水平线，按内墙装饰设计图纸要求，准确弹出墙面上酚醛树脂板材安装的标记。然后按点打孔，打孔可使用冲击钻，也可先用尖錾子在预先弹好的点上凿一个点，再用钻打孔。若遇到结构钢筋，可以适当调整孔位；若连接金属件，利用可调余量再调回。孔与结构表面垂直，成孔后将孔内灰用小型吹风机吹干净，然后插入固定螺栓，转动几下将固定螺栓安装就位。

采用不锈钢螺栓固定 L 形龙骨和铝方通通长纵向龙骨。调整平 L 形龙骨固定码的位置，使固定码的小码正好与铝方通通长纵向龙骨的插入孔相对，纵向 L 形龙骨固定码的间距（龙骨的间距均为龙骨中心距离）为 400～450mm。固定铝方通龙骨，用力矩扳子拧紧。铝方通龙骨的下端直接通到地面，铝方通龙骨的间距为 400～450mm，安装时务必用水平尺使龙骨上下左右水平。

在横撑龙骨及铝方通通长龙骨上预先打孔，用不锈钢螺栓固定横撑龙骨及铝方通纵向龙骨，调整横撑龙骨的位置，对正两种龙骨连接孔，固定横撑龙骨，用力矩扳子拧紧。每块树脂板，其最上面一根横撑龙骨的上端边沿距树脂板上端为 40mm，最下面一根横撑龙骨的下端边沿距树脂板下端为 1mm，中间的板材部分以 400～450mm 为等距均分安装横撑龙骨。现场龙骨安装，结构横框角铝与板块分格相对应，通过铝合金挂件固定板材，实现一托二的施工工艺，可以减少一根横撑龙骨。

板块上挂点一侧设限位螺钉，另一侧为自由端，既保证板块准确定位，又保证板块在温差及主体结构位移作用下自由伸缩。板块直接挂于横撑龙骨的特殊槽口上，靠龙骨本身定位。

所有型材接合部位均设有弹性胶垫，横竖连接均采用浮动式伸缩结构，可从根本上消除热变形伸缩噪声。弹性连接结构可吸收一定的横竖框安装阶差，抗震能力较强。

（1）板材现场储存的要求

树脂板储存应考虑树脂板的耐候性。树脂板由酚醛树脂含浸牛皮纸构成，板材的热感效应较缓慢，对周围温度、湿度的适应需要一段时间。树脂板运抵施工现场后，应在保证通风及相应湿度的情况下，静置 48h 以上，以适应施工现场的温度、湿度。严禁树脂板在没有静置存放的情况下，立即投入使用。

堆放树脂板时，应保证水平放置且高度适当，同时保证板面背部通风顺畅。应保证树脂板面受力均匀，避免因压力不均导致板面翘曲、开裂。最大码放高度不宜超过 600mm。严禁树脂板靠墙或其他物体斜放。严禁在存放的树脂板上存放其他重物。

（2）板材加工的要求

树脂板表面涂层为三聚氰胺，质地较坚硬，同时板体为层级结构，所以树脂板的加工具备以下特点：

锯切树脂板时，应以直线锯切为主。通常先在树脂板上画好规格尺寸，然后再锯切。如果为标准尺寸，也可先在模板上画线，再进行锯切。锯切时，切割速度以 3～4m/min 为宜，如果锯切过快，容易导致切割边缘出现暴边等缺陷。

加工树脂板边缘时，普遍采用的工具是手持镂铣机。在作业前，应清除板面的杂物，以免在板面上留下刻痕或者划痕。镂铣机的加工速度以 2m/min 为宜。铣刀刃的长度应大于板厚，以保证一次走刀就能铣削出边缘的线形。在镂铣的过程中，应避免镂铣机的晃动，否则会使板边缘出现不规则的波纹。

用螺钉连接树脂板时，应先用比螺钉直径小的钻头钻出一个小孔，然后在孔中注入胶粘剂，再拧入螺钉，并且保证螺钉牙纹的部分进入板内不小于5mm。在用螺栓或其他五金件在树脂板背面作不可见的固定时，应保证板件的剩余厚度不小于 3mm。

（3）安装要求

C 形金属挂片的安装位置必须经过严格的计算，确保板材安装得准确可靠。固定连接金属挂片后，在安装前撕下双面保护膜。应先安装底层板，再安装顶层板。

（4）酚醛树脂板材金属挂片安装

根据设计尺寸及图纸的要求，将板材放在平整木质的平台上面，按定位线和定位孔加工。在板材上打孔的直径尺寸要比固定螺钉的直径小 1mm，孔深要比螺钉深 1mm，不要钻透板材。在靠近板材最上沿的一排应该安装可调挂件，板材其他部位的挂件均为不可调挂件。挂件的安装，应根据设计尺寸，用专用模具固定在台钻上打孔。挂件的纵向间距，取决于横撑龙骨的间距，挂件的间距根据板材大小来计算，一般要求为 400～450mm。金属挂片的外沿距板材的边缘为 10mm，中间的部分以 400～450mm 的间距等分（图 3-23）。

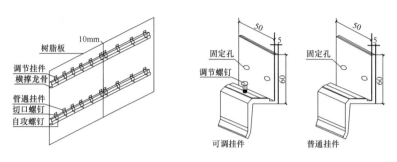

图 3-23 挂件安装示意图

3.5.2.2 酚醛树脂板材安装

金属挂片安装在平面及阴阳角板的内侧，板材挂在横撑龙骨上面，调节酚醛树脂板材后上方的调节螺钉。安装底层面板，等底层面板全部就位后，用激光标线仪检查一下各板是否水平，若不水平，调节板后的调节金属挂件，直到面板上口水平为止。调整好面板的水平度与垂直度后，再检查板缝，板缝宽为4mm，板缝应均匀。然后安装锁紧螺钉，防止板材横向滑动。酚醛树脂板材最下端距地面100mm，竖龙骨预留到地，下端预留的部分用9～12mm的木夹板找平，为踢脚及地板施工预留施工条件（图3-24～图3-26）。

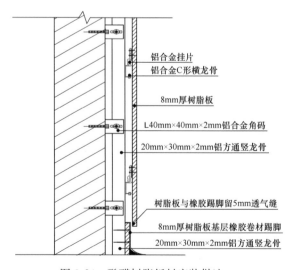

图 3-24 酚醛树脂板材安装做法一

顶部一层面板，板材上端伸入吊顶 30mm，其他安装要求与下部板材一致，树脂板安装必须在吊顶施工前进行。

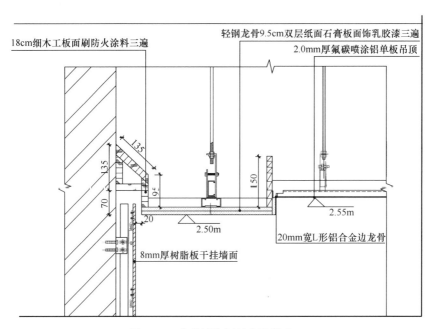

图 3-25　酚醛树脂板材安装做法二

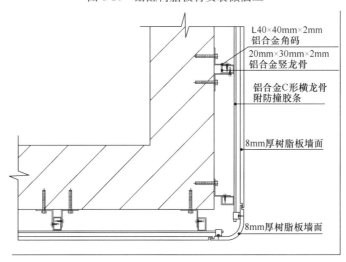

图 3-26　酚醛树脂板材安装做法三

连接件与板材的连接要牢固固定。调整板缝要先松动上卡的可调螺栓，从下往上松动板材后，才可以进行板材的位置调整，不能生硬撬动。转角板的最短边不得小于 300mm，若小于 300mm，需要在角上补做一个固定点。

根据施工现场的实际需要组织劳动力。除板材的搬运、存放需要厂家组织专业人力配合安排外，其他主要工种如木工、安装工、普工等根据现场情况合理调配。

3.5.2.3 材料与设备

按设计要求选取酚醛树脂板材；固定龙骨（竖向主龙骨采用铝制龙骨，间距应小于 500mm，在墙面上打孔、植入固定螺栓进行固定；横向副龙骨采用与挂件相配套的内墙铝合金龙骨）、挂件（可调挂件）、切口螺钉、自攻螺钉；台钻、无齿切割锯、冲击钻、手枪钻、直线刨、边角刨、力矩扳手、开口扳手、长圈尺、盒尺、锤子、橡皮锤、靠尺、铝制水平尺、方尺、多用刀、钢丝、弹线用的粉线包、墨斗、经纬仪、水准仪、激光标线仪等常用工具。操作台要求平整，现场制作即可。

3.6 橡胶卷材地面施工技术

3.6.1 概述

目前公共建筑地面装修材料多种多样，并朝着材料绿色环保、施工简便快速、装饰效果美观而简洁的方向发展。橡胶地板以其独特的性能、丰富的装饰效果，逐渐在各种建筑地面中得到广泛使用。该材料主要由合成橡胶、天然橡胶和矿物填充料组成，并有配套的铺贴用自流平材料和粘结材料。该材料符合现代建筑对装饰的需求。

橡胶地板尺寸稳定、易清洁、耐磨性能好，使用周期可长达 30 年，全寿命周期成本低、经济实惠；采用密封对接或焊接方式，安装后平整牢固，美观高档，脚感舒适；与墙交接处采用弧形阴角过渡，选用专用金属条收口，施工便捷；对卫生间门口、地漏等经常遇水处采用特殊方式处理，有效保障使用功能。

橡胶地面主要适用于医院、机场、展厅、礼堂等公共场所。

橡胶卷材主要由合成橡胶、天然橡胶和矿物填充料组成，材料性能优异。橡胶地面施工工艺主要包括建筑地面基底处理、涂刷底油、粘贴橡胶卷材等主要工序，最终形成大面积整体橡胶地面，实现建筑装饰效果，并达到经久耐用的使用目的。

3.6.2 施工要点

3.6.2.1 施工工艺流程

施工工艺流程见图 3-27。

3.6.2.2 施工操作要点

熟悉产品使用方法，熟悉相关的施工规范要求和使用材料的技术说明书，根据实际情况制定施工方案并做好技术交底。

安排好存放材料、工具的临时库房，施工所用水源、电源。准备必要的施工照明。根据工艺要求配备相应的施工人员、施工机具、照明条件，准备充足的施工材料。劳动力组织可根据工作面的大小确定，但需保证施工的连续性，见表 3-15。

劳动力配备表　　　　　　　　　　　　　　　表 3-15

工作面	工种					
	打磨工	自流平工	铺设工	焊接工	其他辅助工	合计
50m² 以下	2	4	4	2	2	14
50～100m²	2	8	8	3	4	25

3.6.2.3 地坪检测及处理

要求室内温度和地面温度以 15℃ 为宜，空气相对湿度在 20％～75％。5℃ 以下和 30℃ 以上均不适合施工。基层含水率小于 3％。以 CM 仪现场检测为准。当地基含水率超标且大于 6％ 时，应采取通风、防潮等措施。地面基层的强度不低于混凝土强度设计值的要求。基层表面硬度不低于 1.2MPa。基层平

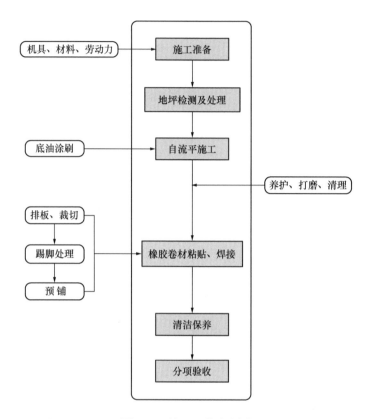

图 3-27　施工工艺流程图

整度用 2m 水平尺检查小于 2mm。

地坪处理：去除地面污染，如油污、蜡、漆、涂料等。用 2m 水平尺检查地面平整度，偏差在 2mm 以内时，地坪不需进行特殊打磨，以防止表面起砂；偏差大于 2mm 小于 4mm 时，用 1000W 以上的手提打磨机打磨地坪，可选用 16 号金刚砂磨片打磨；偏差大于 4mm 以上时，可选用金刚石磨块打磨。打磨完成后用不小于 2000W 的工业吸尘器将地面灰尘吸干净。清理完成后检查地面，对地坪的裂缝用界面处理剂掺石英砂进行修补。

处理后的地面基层要求无空鼓、龟裂、起砂、毛面等现象。

3.6.2.4 自流平施工

涂刷底油是自流平施工前的必要工序，起着封底和界面处理的作用，并可增强自流平的流淌性。对于吸水性地面和非吸收性基层，要根据材料性能选择不同的界面处理剂进行底涂。涂刷时使用吸水性好的羊毛滚，在地坪表面按顺序横竖交叉一遍，无遗漏，均匀涂刷，涂刷后2~4h内做自流平施工。如地坪吸水性强，则可加做一次，以保证封地效果。

待底涂表面风干后（干燥时间以手触地面无湿润、粘手为止，该时间随温度变化而变化），将自流平材料按规定的水灰比（水泥：水＝25kg：6L）混合后，使用专用搅拌器（功率大于700W、转速小于600r、直径120mm碟形搅拌头）搅拌2~3min，要求均匀无结块。将搅拌好的自流平浆料倾倒于地面，使用专用齿板和耙子将较厚的浆料刮平，使其自动流平，批刮时刮板与地面要垂直，并左右往返批刮。大面积施工操作时要协调好每个施工人员操作的速度和流平界面的连接，以保证流平的连续性。若一个房间流平不能一次施工完，必须留楂时，流平边缘处要做成斜坡形。

自流平后，由于地面吸收水分和浆料搅拌会产生大量气泡，所以在流平表面未干燥前，使用放气滚按流平施工顺序滚动排出气泡，避免产生气泡麻面和接口高差。

自流平施工完毕后，要立即封闭现场，10h以内禁止行走，20h以内避免重物冲击，1~2d后方可进行橡胶卷材的铺设。

3.6.2.5 橡胶卷材预铺

无论橡胶卷材和块材，都要现场放置24h以上，使材料温度与现场环境温度一致，使材料记忆性还原。

橡胶卷材背部标注有箭头，卷材侧边一边是光边，另一边是毛边。铺设时要保持背部箭头方向一致，排板时侧边要相互重叠搭接，重叠宽度为30mm。

卷材的纵向排板方向与光线呈垂直为最佳，铺设后可提高表面直观效果。排板通常以进门的直角边为基准，以另一个直角边作为材料的收头，这样可降低损耗，对称拼花排板则应以中心线为准。

69

材料接缝处的切割：卷材切割线应距毛边 20mm，距光边 10mm 重叠切割。注意保持切割时的力量一致，保证一刀割断，避免多刀切割，造成边缘不吻合。

橡胶卷材按房间形状切割完成后，将卷材按卷间隔卷起，用吸尘器将地面和卷材背面清洁一遍。根据橡胶地板种类，选择不同的地板胶，并用专用刮胶板涂刷于地面，之后粘贴卷材。铺贴时应注意接边的吻合、排气并及时滚压。滚压时先用软木块推压平整并挤出空气，然后使用 50kg 钢压辊滚压，如使用双组分地板胶，应在 2h 后重复滚压一遍。滚压后及时清除多余的胶水，修整拼接处的翘边。

焊缝必须在卷材铺设 24h 后进行。焊接有热焊和冷焊两种方法。

热焊：首先用钩刀顺着接缝线钩一条 3.5mm 宽 1.5mm 深的槽，注意不能割穿，并保持深浅一致。开槽后用专用焊枪焊接，焊枪温度调节到 400～450℃，焊接移动速度为 4m/s，将焊条熔入槽内，焊接过程中注意对卷材的保护，避免烧坏。待焊缝处充分冷却后，使用铲刀铲去凸出板面的焊条，铲切时铲刀直接贴地面铲切，避免造成焊缝凹陷和切入地板。

冷焊：首先将蜡涂抹在接缝处，宽度不小于 40mm，待蜡干燥后用开槽刀开 2.5mm 宽槽，用胶枪将冷焊胶打入槽内，再用填刀填入槽内并抹平，12h 后将挤出槽外的冷焊胶揭去即可。

刚铺设完的地面，在 1h 以内禁止上人踩踏，留一名专业压辊人员负责在 30～40min 后全面压辊，压辊人应尽量减小走动面积，发挥压辊长臂作用，来回滚压，尽量避免出现空鼓、虚胶现象。该步骤视问题情况，在一段时间内重复进行。

3.6.2.6 特殊部位处理

踢脚：室内橡胶地板做圆弧上墙，墙角与地面 90°阴角处加做直径 100mm 以上橡胶垫脚线（采用水泥砂浆亦可），见图 3-28。

与台面接合节点处理：自流平施工前，用中性硅胶将台面与地面间缝隙全部打胶封闭。铺设时橡胶卷材与台面立面直接粘贴。

与地砖、石材节点处理：橡胶卷材铺设后比石材或地砖略低 0.5～1mm。

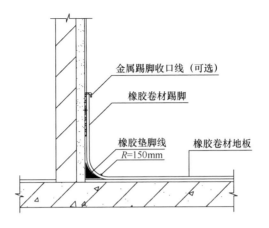

图 3-28　墙面踢脚处构造

若过门石高出橡胶地面过多，可将过门石倒角 45°，使其完成面高于橡胶地面 0.5～1mm。

在管道、地漏周边和卫生间门口等潮湿部位交界处 150mm 范围内，应进行防水处理，于走廊地砖或其他做法地面接口处、地漏周边做好高低差控制标志，防止错台，见图 3-29。

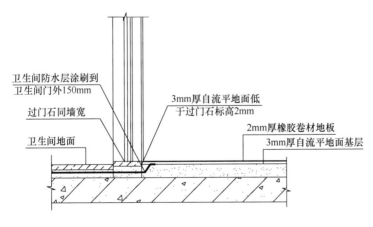

图 3-29　卫生间门口处构造

橡胶卷材表面有一层保护蜡，需使用配套的去蜡水去蜡，然后使用清洁剂清洗。严禁使用甲苯、香蕉水等高浓度溶剂，清洁过程中避免损伤卷材表面。

3.6.2.7 材料与设备

基层处理：界面处理剂、石英砂。

底层涂刷：界面处理剂。

铺贴材料：橡胶卷材、地板胶、橡胶焊条或冷焊胶、去蜡水、清洁剂。德国 nora 橡胶卷材主要性能见表 3-16，主要施工设备见表 3-17。

德国 nora 材料性能表　　　　　　　　　　　　　　　　表 3-16

序号	材料性能	测试标准（EN 12199）	抽样检验要求
1	厚度	EN 428	±5mm
2	尺寸稳定性	EN 434	±0.40%
3	抗撕裂性	ISO 34-1，程序 B，方法 A	≥20N/mm
4	香烟烧灼反应	EN 1399	挤熄≥第 4 级，燃烧≥第 3 级
5	可折断程度	EN435，测试程序 A	弯折直径 20mm，无裂纹
6	硬度	ISO 7619	≥75mm
7	压痕残留	EN 433	厚度＜3.0mm 时平均值≤0.20mm 厚度≥3.0mm 时平均值≤0.25mm
8	牛顿负荷条件下耐磨性	ISO 4649，测试程序 A	≤250mm³
9	人造光照射下抗褪色能力	ISO 105-B02，测试程序 3，测试条件 6.1（a）	蓝卡计读数至少为 6，灰卡计读数≥3

主要施工设备表　　　　　　　　　　　　　　　　表 3-17

序号	名称	规格型号	用途
1	温湿度计	—	测量温湿度
2	含水率测试仪	—	测量含水率
3	硬度测试仪	—	测量硬度
4	水平尺	2m	地面找平
5	游标塞尺	—	质量检查
6	磨地机	1000W 以上	地面基层处理
7	吸尘器	2000W 以上	地面基层处理

序号	名称	规格型号	用途
8	电动搅拌器	700W 以上	材料混合搅拌
9	钢直尺	2m	质量检查
10	刮板	—	自流平施工
11	放气滚筒、钢压辊	—	卷材施工
12	切边刀、钩刀、割刀	—	卷材施工

3.7 内置钢丝网架保温板（IPS 板）现浇混凝土剪力墙施工技术

3.7.1 概述

随着我国对建筑节能的关注，以及建筑节能工作的全面推进和不断深化，墙体的保温形式有了新发展。内置钢丝网架保温板（IPS 板）现浇混凝土剪力墙自保温体系（以下简称 IPS 现浇混凝土剪力墙自保温体系）是目前比较成熟的建筑节能与结构一体化技术，形成集建筑保温隔热功能与墙体围护、承重功能于一体的复合保温墙体。这种自保温体系不但保温防火性能优良、质量安全可靠、抗震性能好、经济合理、技术先进、施工周期短，而且能够实现建筑保温与墙体同寿命，符合国家产业发展的相关政策，已成为建筑结构体系发展和应用的主要方向之一。该技术具有良好的示范和带动作用。

IPS 现浇混凝土剪力墙自保温体系，以工厂制作的 IPS 板为保温层，将钢丝网架保温板置于外模板内侧，用钢筋连接件与剪力墙连接，然后在保温层两侧同时浇筑自密实混凝土，形成集承重、保温、围护于一体的复合保温墙体。

我们总结了 IPS 现浇混凝土剪力墙自保温体系的材料制作、现场施工等经验，形成了 IPS 现浇混凝土剪力墙自保温体系施工技术，并不断总结改进，逐步形成一套完整的施工技术。

（1）防火性能优越，等同 A 级防火体系。

IPS 现浇混凝土剪力墙自保温体系，是建筑节能与结构一体化技术产品，等同于 A 级防火保温体系，从根本上解决了消防安全问题。

（2）安全、与工程主体同寿命。

IPS 现浇混凝土剪力墙自保温体系，使保温板与主体结构刚性连接成为一体，因此安全可靠，达到了与工程主体同寿命的良好效果。

（3）质量可靠，不用防火窗，不加防火隔离带：

IPS 现浇混凝土剪力墙自保温体系，保温外侧保护层为 50mm 厚的混凝土，而且是 3D 钢丝网架混凝土结构，强度高，彻底解决了传统保温方式易开裂、渗水、空鼓、脱落等质量通病和施工过程中的火灾隐患。

按照《建筑设计防火规范》GB 50016—2014（2018 年版）要求，无空腔保温外保护层不小于 50mm 厚。IPS 技术满足了 50mm 厚的保护层要求，从而不需再加防火隔离带，不需使用防火窗。

（4）缩短两个月工期，减少成本。

IPS 现浇混凝土剪力墙自保温体系，模板与剪力墙模板同时安装；混凝土与主体混凝土同时浇筑，同时完工；拆除模板后，主体和保温层即同时完工。减少了一次主体验收，减少了传统保温做法的验收主体后再组织二次保温施工的工艺过程。因此缩短了施工时间、减少了约两个月的工期及相应成本。

综上所述：IPS 现浇混凝土剪力墙自保温体系，无开裂、无渗水、无空鼓、无脱落、无火灾隐患，彻底解决了传统保温方式的质量通病，且真正做到了与工程同施工、同完工、同寿命，突出了建设工程的卖点。IPS 现浇混凝土剪力墙自保温体系，与建筑工程同寿命，无质量隐患，国家、建设单位及业主终生受益。

本技术适用于 8 度及 8 度以下抗震设防地区新建、改建和扩建的工业与民用建筑现浇混凝土剪力墙节能工程。针对层高较高工程，IPS 现浇混凝土剪力墙自保温体系施工需进行详细分析。

3.7.2　施工要点

3.7.2.1　施工工艺流程

施工工艺流程见图 3-30。

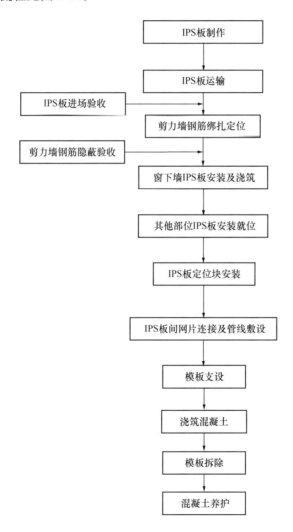

图 3-30　施工工艺流程图

3.7.2.2 施工操作要点

根据图纸计算 IPS 板规格尺寸，委托具有 IPS 板加工资质的企业负责加工。IPS 板的施工质量应符合《IPS 现浇混凝土剪力墙自保温体系应用技术规程》DBJ/T 14-088—2012 的规定。

由于 IPS 板为钢丝网架板，平面堆放容易使 IPS 的钢丝网片产生位移、变形。因此在施工现场搭设好架子，IPS 板运至施工现场时，采取斜立的方式按规格尺寸分开存放，并采取可靠的防雨、防潮、防风、防火的安全措施。

材料进场后对 IPS 板、连接件及其他配套材料出厂合格证、产品出厂检验报告、有效期内的型式检验报告进行检验，按照设计图纸核对 IPS 板的规格尺寸，并按工程质量验收标准规定进行现场抽样检验，经现场验收合格后方可应用。

剪力墙钢筋绑扎定位：在 IPS 板安装前，先对剪力墙部位进行剪力墙钢筋的绑扎定位，并对剪力墙钢筋提前进行隐蔽验收。

窗下墙 IPS 板安装及浇筑：当外墙过长且层高过大时，自密实混凝土无法有效拦截，且窗下墙位置混凝土不易浇筑振捣密实。所以，对于外墙过长且层高过大工程，采用窗下墙先行浇筑的方式，使外墙混凝土能够在窗口位置断开，以保证混凝土浇筑质量。窗下墙浇筑时采用吊斗浇筑，混凝土从放料至吊斗时应用滤网进行筛选，将粒径大于 16mm 的石子剔除。浇筑时，应使出料口和模板入口距离尽量小，必要时可加溜槽，以免产生离析。

其他部位 IPS 板安装就位：

（1）吊装（吊装时间与顺序）：应根据施工段划分安装顺序，利用塔式起重机集中将 IPS 网架板吊到所需安装的楼层面，然后按编号进行分块安装就位。较小的块可以人工直接安装到位；较大的块，人工安装不便时，可采用塔式起重机辅助安装。

（2）就位安装：IPS 网架板安装前，应根据施工图纸在已经浇筑的混凝土楼层面进行轴线定位放线，然后用墨斗分别弹出剪力墙、暗柱、门窗洞口及模板控制线。根据控制线整理剪力墙板、暗柱，以及 IPS 网架板预留插筋。IPS

板固定采用 $\phi16$ 螺纹措施钢筋。IPS 网架板吊装就位后，应及时将 IPS 网架板与楼面预埋锚固筋、相连的暗柱绑扎固定。IPS 网架板吊装就位后，采用钢管搭设临时护架，以保证墙板的稳定性。临时护架可以采用操作平台和工具式斜支撑法，以保证自身的稳定性和足够的刚度。剪力墙钢筋与 IPS 板的连接采用 $\phi6$ 钢筋连接件穿透保温板，并与剪力墙钢筋和钢丝网片绑扎牢固。穿透 IPS 板部分的连接件刷防锈漆两道。安装节点图见图 3-31。

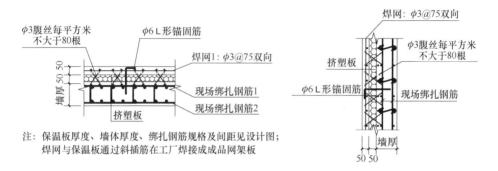

图 3-31　IPS 板 L 形锚固筋安装大样图

3.7.2.3　IPS 板定位块安装

IPS 网架板安装完毕并与边缘构件绑扎完毕后，按一定间距安装混凝土预制垫块。

混凝土垫块的放置：垫块间距 300mm；竖直方向第一排垫块距网架板上端 150～200mm；竖直方向不同厚度保温板搭接处，距搭接处上下 200mm 各设置一排垫块。

IPS 板间网片链接及管线敷设：IPS 板之间的竖缝、外墙阴阳角及窗口等处可采用附加平网或角网连接，搭接宽度不小于 200mm，并应采取可靠措施保证 IPS 板和辅助固定件安装位置准确。IPS 板安装完成后，及时通知安装队伍对墙体内的管道进行敷设，管线敷设不得损坏 IPS 板（图 3-32）。

IPS 网架板安装就位并完成全部钢筋绑扎后，即可进行墙体大模板的支设，模板安装的施工工艺应符合《混凝土结构工程施工质量验收规范》GB

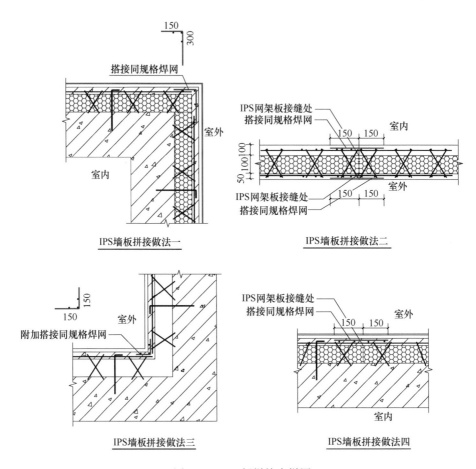

图 3-32 IPS 板拼接大样图

50204—2015 及《建筑施工模板安全技术规范》JGJ 162—2008 的规定。大模板就位时，在大模板下部铺垫砂浆，也可在大模板就位后勾砂浆缝，防止大模板下部返浆。所有模板的拼接缝部位均采用压海绵密封条的措施，局部部位必要时可采用粘贴塑料胶带或打密封胶等辅助措施，避免水泥砂浆泄漏。洞口阴角或较长的窗下墙顶部等死角部位应留设通气孔，混凝土浇筑时应及时观察，混凝土充满后立即进行封堵。

浇筑混凝土：

（1）混凝土进场后应对自密实混凝土的坍落扩展度及扩展时间进行试验，

自密实混凝土坍落扩展度应为 SF3 级（760～850mm），扩展时间为 VS1（T_{500} ≤2s），浇筑前应对各罐车内的混凝土全数进行现场试验检查，一旦发现混凝土不合格，应及时联系商混站退场处理，以保证混凝土浇筑质量。

（2）窗间墙混凝土浇筑时，每个下料点间距不得大于 5m，下料点间距应交错布置，如图 3-33 所示。

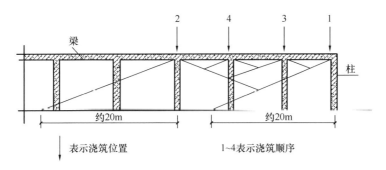

图 3-33　混凝土浇筑顺序图

（3）采用地泵浇筑时，应采用布料机浇筑，且应设置好浇筑路线，浇筑原则为先外墙后内墙，先两侧后中间。

（4）浇筑时应控制好浇筑速度，对于 IPS 外墙，先浇筑保温板外侧再浇筑保温板内侧，且应控制好浇筑高度，内外高差应控制在 400mm 以内。由于剪力墙部位施工难度大，为浇筑外侧 5cm 混凝土顺利进行，应制作专用挡流板，用于辅助浇筑。

（5）为使混凝土更加密实、墙表面更加光洁，在混凝土浇筑时进行模板外辅助振动。采用皮锤、手持平板振动器或振捣棒，随着混凝土的浇筑从下往上在模板外侧振动。同时通过辅助振捣实时了解内外混凝土高差，保证混凝土施工质量。

3.7.2.4　模板拆除

（1）混凝土结构拆模时的强度要求

模板及其支架拆除时的混凝土强度，应符合设计要求，当设计无具体要求时，应符合下列规定：

1）侧模在混凝土强度能保证其表面及棱角不因拆除模板而受损坏后，方可拆除。

2）底模在混凝土强度符合表3-18的规定后，方可拆除。

（2）混凝土结构拆模后的强度要求

混凝土结构在模板和支架拆除后，需待混凝土强度达到设计混凝土强度等级后，方可承受全部使用荷载；当施工荷载所产生的效应比使用荷载的效应更为不利时，必须经过核算，加设临时支撑。

（3）其他注意事项

1）拆模时不要用力过猛过急，拆下来的模板和支撑用料要及时运走、整理。

2）拆模顺序一般应是后支的先拆，先支的后拆，先拆非承重部分，后拆承重部分。重大复杂模板的拆除，事先要制定拆模方案。

混凝土拆模强度要求 表3-18

结构类型	结构跨度（m）	按设计的混凝土强度标准值的百分率计（%）
板	≤2	≥50
	>2且<8	≥75
	≥8	≥100
梁、拱、壳	≤8	≥75
	>8	≥100
悬臂构件	≤2	≥100
	>2	≥100

3.7.2.5 混凝土养护

IPS复合剪力墙中的混凝土截面较薄，通常室外侧只有50mm，且主体施工阶段天气可能为极寒极热天气。为了防止产生干缩裂缝及混凝土受冻现象，外墙在模板拆除后要及时进行保温、保湿覆盖。

3.7.2.6 材料与设备

材料性能和主要机具设备见表3-19和表3-20。

材料性能表 表 3-19

序号	项目	规格、型号	制造工艺	检验项目
1	IPS 网架板	50mm 厚单面钢丝网架板	工厂专业设备生产	规格尺寸、表面质量、性能指标
2	IPS 网架板	100mm 厚双面钢丝网架板	工厂专业设备生产	规格尺寸、表面质量、性能指标
3	附加镀锌钢丝网片	3mm 直径网片	工厂专业设备生产	规格尺寸、表面质量、力学性能指标
4	垫块	IPS 专用垫块	成品垫块	规格尺寸
5	自密实混凝土	C35、C40、C45、C50	商品混凝土	填充性、间隙通过性、抗离析性

主要机具设备表 表 3-20

序号	设备名称	规格型号	单位	数量
1	圆盘锯	MJ114	台	4
2	平刨	NIB2-80/1	台	4
3	手持电钻	美耐特 MNT070012A	台	4
4	手持锯	M1Y-KD10-185	台	6
5	钢筋撬杠	—	把	4
6	附墙式平板振动器	FZSZDQ-01	台	4
7	皮锤	—	个	10
8	混凝土振动棒	ZDQ-01	台	4
9	钢筋钳	—	把	10

（1）IPS 板安装质量标准

1）主控项目：

IPS 板所使用材料的品种和规格必须符合设计要求和《IPS 现浇混凝土剪力墙自保温体系应用技术规程》DBJ/T 14-088—2012 的规定。

IPS 板安装前，应按照设计要求，在相应部位标记中心线、安装线、标高等控制尺寸线和控制线，并进行检验。

IPS 板的安装位置应正确、接缝严密，IPS 板应固定牢固，在浇筑混凝土过程中应采取措施并设专人照看，以保证保温板不移位、变形。保温板表面应采取界面处理措施，与混凝土粘结牢固。

2）一般项目：

IPS 板安装拼缝和接头应符合设计和技术方案的要求。

IPS 板安装的轴线位置与垂直度允许偏差及检验方法见表 3-21。

IPS 板安装的允许偏差及检验方法　　　　　　　表 3-21

项目	允许偏差（mm）	检验方法
轴线位置偏移	4	钢尺检查
垂直度	5	经纬仪或吊线、钢尺检查

（2）墙体混凝土浇筑及特殊热桥保温分项工程

1）主控项目：

混凝土自密实性能指标应符合设计要求及《IPS 现浇混凝土剪力墙自保温体系应用技术规程》DBJ/T 14-088—2012 规定。

自密实混凝土进场时应对坍落扩展度和浮浆百分比进行检验。

自密实混凝土验收的其他内容应按《混凝土结构工程施工质量验收规范》GB 50204—2015 和《自密实混凝土应用技术规程》JGJ/T 283—2012 的规定执行。

当特殊热桥部位采用保温浆料做保温层时，应在施工中制作同条件养护试件，检测其导热系数、干密度和压缩强度。保温浆料的同条件养护试件应见证取样送检。每个检验批应抽样制作养护试块不少于 3 组。

2）一般项目：

混凝土运输、浇筑及间歇的全部时间不应超过混凝土的初凝时间，同一施工段应连续浇筑。

现浇结构的外观质量不宜有一般缺陷。对已经出现的一般缺陷，应由施工单位按技术处理方案进行处理，并重新检查验收。

3）质量保证措施：

根据工程的特点，施工前必须制定详细的施工方案，并严格按批准的施工方案执行。

IPS 板进场时，"三证"必须齐全，根据设计图纸校对进场 IPS 板的数量、规格是否符合要求。加强质量检测，严格按照规范要求进行抽样和试验，并做好标记，严把质量关。

IPS 板之间的竖缝、外墙阴阳角及窗口等处采用附加钢丝、平网或角网连接，然后将钢筋连接件穿透 IPS 板，与剪力墙钢筋和钢丝网、角网连接。防止 IPS 板连接处在浇筑混凝土过程中变形。

IPS 板的内外侧必须按梅花状间距不大于 500mm 均匀设置支撑定位块，钢筋及钢丝网片的保护层厚度应符合相关规范的规定。

剪力墙模板加固措施必须有足够的刚度和稳定性（按编制的施工方案执行）。

自密实混凝土进场时，按进场批次检查质量证明文件，对坍落扩展度和浮浆百分比进行检验。混凝土必须现场取样，按照规范要求制作混凝土试块，并制作现场同条件养护试块。

混凝土浇筑速度应均衡，及时观测两侧混凝土浆面高差；浇筑 IPS 板外侧防护层混凝土时，采用小型手提式振动机贴在外模上振捣，并用橡皮锤辅助敲打，必要时可采用钢筋进行均匀插捣；浇筑内侧剪力墙时，采用振捣器插入式振捣。浇筑时若发现 IPS 板向外侧移位、变形，立即停止该部位的混凝土浇筑，通过钢筋调整修复 IPS 板位置，先浇筑 IPS 板外侧防护层再修正 IPS 板。现场派专职人员跟踪监督、检查。

混凝土运输、浇筑及间歇的全部时间不应超过混凝土的初凝时间，同一施工段应连续浇筑。

浇筑后的剪力墙和防护层混凝土应按照规范要求进行养护，以保证混凝土的强度。

浇筑后保温板外侧保护层局部若出现不密实、未浇筑到位的情况，应将疏松的混凝土剔除后，用与保护层混凝土同配合比的自密实混凝土分层抹压密实（混凝土中掺加聚丙烯纤维）。

4 专项技术研究

4.1 给水排水、污水处理施工技术

4.1.1 给水系统施工技术

4.1.1.1 给水系统设计基本要求

不论自备水源的水质是否符合《生活饮用水卫生标准》GB 5749—2022 的规定，自备水源的供水管道严禁与城市给水管网直接连接；各给水系统（生活给水、饮用净水、医疗用水、生活杂用水、消防给水等）应各自独立、自成系统，不得串接；冷水与热水管线之间应设置可靠的止逆阀件，以防受细菌污染的热水返流入冷水管系。

杜绝给水管道产生虹吸回流污染：出水口不得被任何液体或杂质淹没；出水口高出承接用水容器溢流边缘的最小空气间隙，不得小于出口直径的 2.5 倍；特殊器具不能设置最小空气间隙时，应设置倒流防止器或采用其他有效的隔断措施（如以下位置应设置倒流防止器：从市政生活给水管道上直接吸水的水泵吸水管起端，由市政给水管直接向锅炉、热水机组、水加热器、气压水罐等有压容器或密闭容器注水的注水管上，以及接往集中垃圾间、污洗污物间、太平间的冲洗管的起端和接往相关传染病区的生活用水清洁区管道上）；严禁给水管道与大便器（槽）直接相连及以普通阀门控制冲洗。另外，对相关医疗用水设备，应根据设备的特点，采取有效的防污隔断措施。

4.1.1.2 系统选择、管道布置、管材及配件的关键技术

（1）系统选择

选用变频给水泵组，如图 4-1 所示。为最大限度地减少二次污染，保证水

质，严禁采用一切可能产生二次污染的加压方式和环节，具体要求为：尽量利用城市给水管网的水压直接供水；宜从城市给水管网直接抽水，若有关部门不允许时，宜优先考虑设吸水井或采用无负压无吸程装置；尽量采用变频调压技术供水；必须设置贮水调节设施时，应确保水质，并符合上述有关水池（箱）的相关要求；如选用气压给水加压方式，应采用隔膜补气，禁止采用空气与水直接接触的补气方式。医院供水应尽量采用分质供水，特别是应将生活用水与医疗用水、消防给水分设。至少应将医院内不同使用性质的给水系统，在引入管后分成各自独立的给水管网。

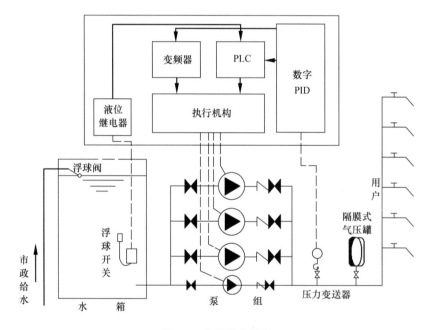

图 4-1　变频给水泵组

水池（箱）是极易受到二次污染的供水环节。如供水需设置水池（箱），应从设置位置、结构、材料材质、停留时间、水的流动及渗漏、通气、溢流、防护等方面综合考虑，采取切实有效措施，确保贮水的卫生安全，不受二次污染。医院二次供水设施的生活饮用水贮水池（箱）应独立设置（无论建在楼内还是楼外），不得与消防用水或其他非生活用水共贮；贮水 48h 内得不到更新时，应设置水消毒处理装置，不允许其他用水如高位水箱的溢流水等进入。医院内的生活用水池（箱）宜设在专用房间内，其上方的房间不应有厕所、浴室、盥洗间、厨房、污水处理间等。水池（箱）间应注意通风换气，并宜设置紫外线灯具进行空气消毒。特别是对传染病医院或病区，如供水采用高位水箱，水箱必须设在清洁区，且出水应经过二次消毒，所在房间也宜设置紫外线灯具进行空气消毒。

容积较小的水箱，在现场条件允许的情况下，可以采用整体型水箱。整体型水箱的安装是把钢架固定在基础上，然后放上水箱，再用装配零件固定。吊装水箱往钢架上放置时，注意钢缆不要碰到给水口或检修口等凸出部位。另外为了不损伤水箱，应在钢缆接触到的凸出部位，用缓冲材料保护。

板型装配式水箱可按照厂家提供的水箱装配图进行安装施工，按照如下步骤进行：钢架放在基础上，用地脚螺栓固定住；组装底部板，然后放在钢架上，用装配零件固定在钢架上；组装侧面板，安装内部加强件，组装顶部面板。不锈钢组合水箱的装配可参考图 4-2。

水池（箱）泄水、溢水应采取间接排水。排至排水明沟或设有喇叭口的排水管时，管口应高于沟沿或喇叭口顶 0.2m，且溢水管出口应设防虫网罩。池（箱）通气管不得进入其他房间，并严禁与排水系统的通气管和通风道相连。另外，通气管管口端应装防虫网罩。图 4-3 为水箱周围水管的布置图。

（2）管道布置施工关键技术

医院内各种供水管应避开毒物污染区（如有毒物质堆放场等），位于半污染区、污染区的管道宜暗装，当条件限制不能避开时，应采取防护措施。生活用水管不得穿越大、小便槽和贮存各种液体的池体。给水管道不得敷设在烟道、风道、排水沟内。给水管应尽量远离污水管。室内外的埋地给水管与排水管平行或交叉敷设时，应满足相关规范的距离要求，并应尽量将给水管敷设在污水管上面且不允许有接口重叠，否则应采取加设套管等有效措施。另外，应做好冷水管的绝缘，以免热水管对其产生温度影响。

（3）管材及配件施工关键技术

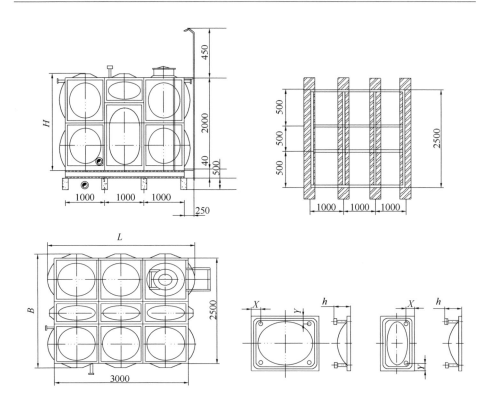

图 4-2 不锈钢组合水箱装配示意图

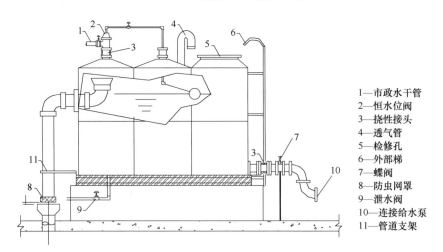

1—市政水干管
2—恒水位阀
3—挠性接头
4—透气管
5—检修孔
6—外部梯
7—蝶阀
8—防虫网罩
9—泄水阀
10—连接给水泵
11—管道支架

图 4-3 水箱周围水管的布置图

禁止使用冷镀锌钢管，严禁使用一切可能产生二次污染的管道及配件（包括市场上流通的劣质管材及配件）。生活给水、饮用净水、热水系统采用的管材配件，应符合现行产品标准要求；生活饮用水给水系统所涉及的材料必须达到饮用水卫生标准；饮用净水应达到卫生食品级要求；热水管道应耐腐蚀，符合饮用水卫生要求。埋地给水管材，一般可采用有内衬的给水铸铁管、球墨铸铁管、给水塑料管和复合管。室内给水管一般可采用塑料给水管、复合管、薄壁不锈钢管、薄壁铜管以及经可靠防腐处理的钢管。饮用净水管材宜优先选用薄壁不锈钢管或纳米抗菌不锈钢塑料复合管。热水管道一般可采用薄壁铜管、薄壁不锈钢管、塑料热水管、塑料与金属复合热水管等。图4-4为不锈钢管道卡压式连接安装示意图，表4-1为钢塑复合管道施工工序表，图4-5为铜管焊接示意图。

钢塑复合管道施工工序表

表 4-1

工序	具体做法	安装图
安装准备	A. 检查施工图纸及其他技术文件是否齐全，图纸技术交底是否满足施工要求 B. 检查管道布置空间与建筑物及其他专业管道是否有交叉和矛盾 C. 检查与设备、阀件相连接的口径、方位、坐标、标高是否相符 D. 检查土建施工是否已完成墙体砌筑抹灰，预留槽洞、套管位置是否正确	
管材切割	应使用手锯或电动带锯垂直切割，禁止用高速砂轮切割机或气体火焰等方法切割。在管材切割过程中，注意不能损伤和过分向内挤压 UPVC 内衬层，应避免在切断时温度过高而破坏内衬层	

续表

工序	具体做法	安装图
加工管螺纹	使用套丝机或手工管子铰板加工螺纹，螺纹规格应符合 55°圆柱管螺纹标准，加工时可使用无毒冷切液加以冷却	
去毛刺、倒角	用专用工具去掉钢管端毛刺，并对内 UPVC 塑料层进行倒角，倒角高度大致为塑料壁厚的 2/3	
连接	连接方法与普通镀锌钢管完全相同，可以用法兰连接，在螺纹连接处使用密封胶和聚四氟乙烯生料等	
安装	安装方法与普通镀锌钢管完全相同	
水压试验	水压试验方法与普通镀锌钢管完全相同	

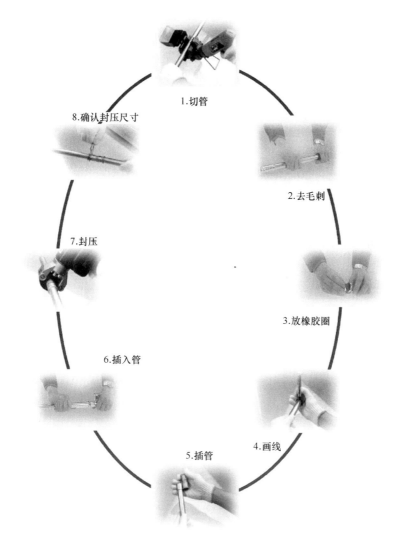

图 4-4　不锈钢管道卡压式连接安装示意图

管件与阀门施工：管件与阀门应选用与管道匹配或专用的管件和阀门。水龙头应采用陶瓷片密封的塑料、不锈钢和铜质制品。热水供应的水龙头宜采用混合形式、不产生水雾的淋浴喷头和泡沫喷头，以便尽量减少洗浴时卫生间的雾气。调查资料表明，管中滞留水形成水雾会被人体吸入，军团菌多在滞留水

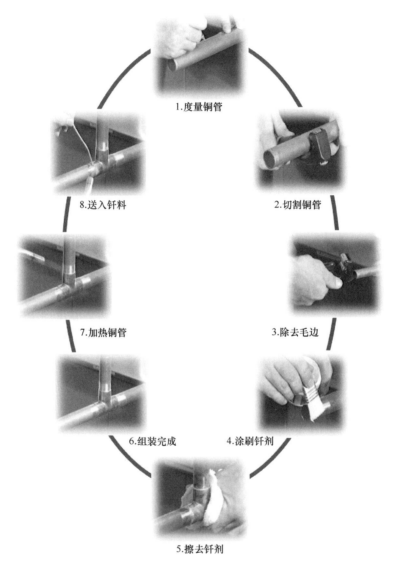

1.度量铜管

2.切割铜管

3.除去毛边

4.涂刷钎剂

5.擦去钎剂

6.组装完成

7.加热铜管

8.送入钎料

图 4-5　铜管焊接示意图

中繁殖，采用混合水龙头可以降低出水水温而减少水雾形成。

必要时，进行二次净化（消毒），确保水质卫生安全。凡市政供水干管接点处水质不合格时，必须采取二次净化措施，以达到现行国家规范规定的水质卫生要求。凡市政供水水质合格，但不能满足医院分质供水和医疗用水或特殊用水水质要求时，也应采取二次净化措施（如牙医用水宜在水管出口处安装可置换的超微过滤器，孔径 $0.2\mu m$，以减少病人与医生感染的可能性）。

当采用二次供水方式时（除泵直接从外网抽水外），出水应经消毒处理（如紫外线消毒器、微电解消毒器、次氯酸钠消毒器、二氧化氯消毒器）。二次供水消毒设备选用与安装可参见国家标准图集《二次供水消毒设备选用与安装》02SS104。

净水设备应作防腐处理，建议采用不锈钢材料加工，净水过程不得产生二次污染。

（4）特殊场所使用非接触性或非手动开关

下列场所的用水点应采用非接触性或非手动开关，并应防止污水外溅公共卫生间的洗手盆、小便斗及大便器；产房、手术刷手池室、护士站室、治疗室、洁净无菌室、供应中心、ICU、血液病房和烧伤病房等房间的洗手盆；诊室、检验科和配方室等房间的洗手盆；其他有无菌要求或需要防止交叉感染的场所的卫生器具。

采用非接触性或非手动开关的用水点宜符合下列要求：

公共卫生间的洗手盆应采用自动感应水龙头，小便斗应采用自动冲洗阀，蹲式大便器宜采用脚踏式自闭冲洗阀或感应冲洗阀。图 4-6 为自动感应水龙头安装详图示例、图 4-7 为小便斗自动冲洗阀实例图、图 4-8 为脚踏式开关。

产房、手术刷手池室、护士站室、治疗室、洁净无菌室、供应中心、ICU和烧伤病房等房间的洗手盆，应采用自动感应水龙头、膝动或肘动开关水龙头，如图 4-9 所示；其他有无菌要求或防止交叉感染场所的卫生器具，应按照上述要求选择水龙头或冲洗阀；传染病房或传染病门急诊的洗手盆水龙头，应采用自动感应水龙头。

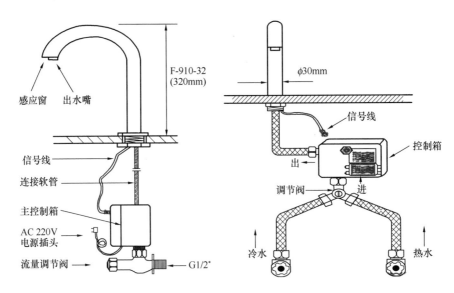

图 4-6 自动感应水龙头安装详图示例

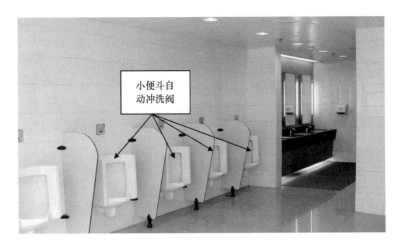

图 4-7 小便斗自动冲洗阀实例图

图 4-8　脚踏式开关

图 4-9　肘动开关水龙头

4.1.2　医疗区排水系统施工技术

4.1.2.1　医疗区排水基本要求

医院医疗区污废水应与非医疗区污废水分流排放，非医疗区污废水可直接

95

排入城市污水排水管道。

当医院病床数不少于100床、病房设有卫生间和淋浴，且医疗区生活污水最终排入有城市污水处理厂的城市污水排水管道时，医院医疗区污水排水管道宜采用污（粪便污水）、废分流制的排水系统。

4.1.2.2　医疗区特殊场所排水要求

综合医院的传染病门急诊和病房的污水应单独收集处理；放射性废水应单独收集处理；牙科废水应单独收集处理；医院专用锅炉排污、消毒凝结水等应单独收集并设置降温池或降温井。医院检验科等处分析化验采用的有腐蚀性的化学试剂，应单独收集综合处理，再排入院区污水管道或回收利用。其他医疗设备或设施的排水管道为防止污染采用间接排水。排放含有放射性污水的管道应采用机制铸铁（含铅）管道，立管应安装在壁厚不小于150mm的混凝土管道井内。

医院地面排水地漏的设置宜符合下列要求：地漏应宜采用带过滤网的无水封直通型地漏加存水弯，存水弯的水封不得小于50mm，且不得大于100mm，地漏的通水能力应满足地面排水的要求；卫生间、浴室和空调机房等经常有水流的房间应设置地漏；护士站室、诊室和医生办公室等地面不宜产生水流的场所不宜设置地漏；对于空调机房等季节性排水房间，以及需要排放冲洗地面废水的场所如手术室、急诊抢救室等房间，应采用可开启式密封地漏；地漏附近有洗手盆时，地漏水封补水宜采用洗手盆的排水。

4.1.2.3　医疗区排水系统防疫要求

地漏应设置在经常从地面排水的场所，水封应经常有水补充，否则易缺水而干涸，造成管道内污浊空气窜入室内。一方面，除洗消间、准备间、污洗间、淋浴间、拖布池等必须设置地漏的场所外，其他用水点尽可能少设（可设置区域性地漏）或不设地漏（可考虑外阳台等事故排水的其他可能途径）；另一方面，要采取有效措施保证防涸地漏，采用自动密封式地漏，对经常不使用的地漏（除密闭地漏外）定时定人补水等。

医院排水系统应重视和加强透气。生活排水管道的立管顶端，应设置伸顶通气管；医用倒便器应设专用通气管；有效保护已设地漏的水封，如采用无水封地漏加P型存水弯（水封深度不得小于50mm），并由洗脸盆的排水给P型存水弯补水；采用多通道永磁密封；室内的污水集水坑应密闭并做好透气。医院室内不得设置吸气阀替代通气管。伸顶通气管既可将排水管道中的污浊有害气体排至大气中，又可平衡管道内正负压、保护卫生器具水封。吸气阀只能用于吸入空气，防止负压破坏水封。另外，吸气阀一旦阀瓣老化，将造成室内污染。

通气管应伸顶，不得与风道和烟道连接，且其管口应避开门窗，也不宜设在建筑物挑出部分的下面。在通气管口周围4m以内有门窗时，通气管口应高出窗顶0.6m或引向无窗一侧，以防止臭气污染室内环境。另外，具有严重传染病病毒的排水管上的通气管口，应设可靠的消毒设备（如专用紫外线消毒装置），一般不能采用高效过滤器消毒灭菌，因为高效过滤器要通过排风机抽吸才能使排水系统内的气体排出。

不在同一房间内的卫生器具不得共用存水弯，否则可能导致两个不同房间的空气通过器具排水管互相串通，产生病菌传染。管道穿越隔墙处应密封处理，管道井应每层隔断，以免窜气而交叉感染。阳台雨水应自成系统排到室外散水面或明沟，不得与屋面雨水系统相连接，以防室外排水管系中的有害气体、臭气通过阳台最终进入室内而污染环境。空调凝结水应有组织排放，可排入卫生间地漏或洗手池中（医院烈性传染病区可用专门容器收集处理或排放到污染区地漏、污洗池中），不得与污废水管道直接连接，以免臭气等进入室内而污染环境，造成疾病的感染与传播。

排水管道渗漏、凝结水对物品等的污染和损害应得到充分重视，要从选材及安装等方面采取有效措施。医疗建筑中不应采用传统铸铁管及刚性接口机制排水铸铁管（尤其是高层建筑），应采用柔性接口机制排水铸铁管或质量可靠的排水塑料管。另外，医院内设备管线应相对集中，并应设置垂直管道井，且排污立管宜单独设置。

4.1.3 热水系统施工技术

医院生活热水系统能源：在有条件的情况下可优先采用太阳能，也可采用市政蒸汽、高温热水、自备锅炉或电能。当采用太阳能热水系统时，宜采用可自动控制的其他辅助能源。

太阳能热水系统要求：太阳能热水系统所产热水宜通过电直接加热或二次换热后供应到用水点。太阳能系统的传热介质的闪点不应大于28℃。太阳能热水系统的储热量宜是系统最大日用水量的70%～90%。热水系统的水加热器宜采用效率较高的弹性管束、浮动盘管半容积式水加热器。

医院热水系统的热水制备设备不应少于2台，当一台检修时，其余设备应能供应60%的设计用水量。水加热器生活热水的温度不应低于60℃。医院病房冷、热水供水压力应平衡，当不平衡时应设置平衡阀。当医院热水系统有防止烫伤要求时，淋浴或浴缸用水点应设置冷、热水混合水温控制装置，使用水点最高出水温度在任何时间都不应大于49℃。原则是随用随配。医院热水系统任何用水点在打开用水开关后宜在5s内出热水。手术室等处集中盥洗室的水龙头应采用恒温供水，供水温度宜为30～35℃。洗婴池的供水温度应根据当地风俗习惯确定，当采用集中热水供应时，应防止烫伤或冻伤，一般供水温度宜为37℃。

4.1.4 医疗区污水处理系统施工技术

4.1.4.1 概述

（1）医院污水、污泥、废气的定义

医院污水：指医院产生的含有病原体、重金属、消毒剂、有机溶剂、酸、碱以及放射性等的污水。污泥：指医院污水处理过程中产生的污泥和化粪池污泥。废气：指医院污水处理过程中产生的废气。

（2）院区废水来源及特点

医院各部门的功能、设施和人员组成情况不同，产生污水的主要来源有：

诊疗室、化验室、病房、洗衣房、X 光照像洗印、动物房、同位素治疗诊断、手术室等排水；医院行政管理和医务人员排放的生活污水，食堂、单身宿舍、家属宿舍等排水。不同部门科室产生的污水成分各不相同，如重金属废水、含油废水、洗印废水、放射性废水等，不同性质医院产生的污水也有很大差异。医院污水排放情况较一般生活污水复杂。

医院污水来源及成分复杂，含有病原性微生物，有毒、有害的物理化学污染物和放射性污染物，具有空间污染、急性传染和潜伏性传染等特征，不经有效处理会成为疫病扩散的重要途径，严重污染环境。

（3）医院污水的收集

医院病区与非病区污水应分流，严格管理医院内部卫生安全管理体系，严格控制和分离医院污水和污物，不得将医院产生污物随意弃置排入污水系统。新建、改建和扩建的医院，在设计时应将可能受传染病病原体污染的污水与其他污水分开，现有医院应尽可能将受传染病病原体污染的污水与其他污水分别收集。

传染病医院（含带传染病房的综合医院）应设专用化粪池。被传染病病原体污染的传染性污染物，如粪便等排泄物，必须按我国卫生防疫的有关规定进行严格消毒。消毒后的粪便等排泄物应单独处置或排入专用化粪池，其上清液进入医院污水处理系统。不设化粪池的医院应将经过消毒的排泄物按医疗废物处理。

医院的各种特殊排水，如含重金属废水、含油废水、洗印废水等，应单独收集，分别采取不同的预处理措施后排入医院污水处理系统。

同位素治疗和诊断产生的放射性废水，必须单独收集处理。

4.1.4.2 医院污水处理工艺

（1）工艺选择

医院污水处理所用工艺必须确保处理出水达标，主要采用三种工艺：加强处理效果的一级处理、二级处理和简易生化处理。

工艺选择原则为：传染病医院必须采用二级处理，并需进行预消毒处理；

处理出水排入自然水体的县及县级以上医院必须采用二级处理；处理出水排入城市下水道（下游设有二级污水处理厂）的综合医院推荐采用二级处理，对采用一级处理工艺的必须加强处理效果；对于经济不发达地区的小型综合医院，条件不具备时可采用简易生化处理作为过渡处理措施，之后逐步实现二级处理或加强处理效果的一级处理。

（2）工艺流程

一级强化处理工艺流程为"预处理→一级强化处理→消毒"；二级处理工艺流程为"调节池→生物氧化→接触消毒"；简易生化处理工艺流程为"沼气净化池→消毒"；

医院污水处理典型流程图见图 4-10。

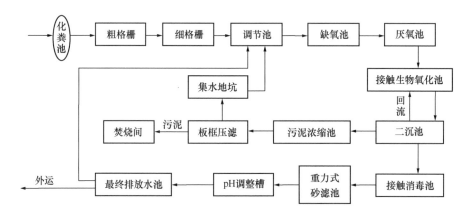

图 4-10 医院污水处理典型流程图

4.1.4.3 医院污水处理系统

医院污水处理主要包括污水的预处理、物化或生化处理和消毒三部分。为防止病原微生物的二次污染，对污水处理过程中产生的污泥和废气也要进行处理。

预处理包含化粪池、预消毒池、格栅、调节池。加强处理效果的一级处理：医院污水的一级强化处理一般采用混凝沉淀、过滤、气浮等工艺。过滤的固液分离方式需要反冲，操作管理较为复杂，而气浮工艺中气体释放易导致二次污染，所以医院污水中一般采用混凝沉淀工艺。对于生物处理，不同工艺比较见表 4-2。

以膜生物器污水处理为例，膜生物反应器机房设备安装工程流程图见图 4-11。

不同生物处理工艺的综合比较表 表 4-2

工艺类型	优点	缺点	适用范围	基建投资
活性污泥法	对不同性质的污水适应性强	运行稳定性差，易发生污泥膨胀和污泥流失，分离效果不够理想	800 床以上的水量较大的医院污水处理工程；800 床以下医院采用 SBR 法	较低
生物接触氧化工艺	抗冲击负荷能力强，运行稳定；容积负荷高，占地面积小；污泥产量较低；无需污泥回流，运行管理简单	部分脱落生物膜造成出水中的悬浮固体浓度稍高	500 床以下的中小规模医院污水处理工程；场地小、水量小、水质波动较大和微生物不易培养等情况	中
膜-生物反应器	抗冲击负荷能力强，出水水质优质稳定，有效去除 SS 和病原体；占地面积小；剩余污泥产量低甚至无	汽水比高，膜需进行反洗，能耗及运行费用高	300 床以下小规模医院污水处理工程；医院面积小、水质要求高等情况	高
曝气生物滤池	出水水质好；运行可靠性高，抗冲击负荷能力强；无污泥膨胀问题；容积负荷高且省去二沉池和污泥回流，占地面积小	需反冲洗，运行方式比较复杂；反冲水量较大	300 床以下小规模医院污水处理工程	较高
简易生化处理工艺	造价低，动力消耗低，管理简单	出水 COD、BOD 等理化指标不能保证达标	作为对于边远山区、经济欠发达地区的医院污水处理的过渡措施，逐步实现二级处理或加强处理效果的一级处理	低

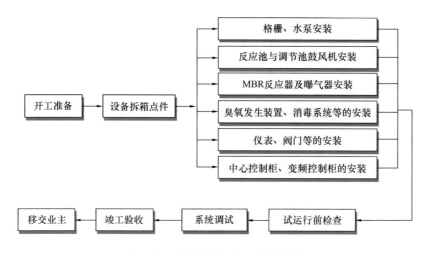

图 4-11　机房设备安装工程流程图

（1）泵安装（包括调节池提升泵、反应池排水泵、中水回供泵等）

水泵基础按设计图施工，稳固电机的地脚螺栓应与混凝土基础牢固结合成一体。浇灌前预埋孔应清洗干净，螺栓本身不应歪斜，机械强度应满足要求。水泵底座应有减震橡胶垫，胶垫与基础面接触严密，外壳有分离螺栓，热浸电镀。水泵与电机传动轴连接，轴向与径向允许误差不超过规定值。吸入和排放连接，将变径管/伸缩管与泵直接连接，水泵配管安装应在水泵定位找平、稳固后进行。水泵设备不得承受管道的重量。驱动连接应全面保护以防意外的接触。接线盒适于柔性连接。配管法兰应与水泵、阀门的法兰相符，阀门安装手柄方向应便于操作，标高一致，配管排列整齐、仪表整齐。泵与阀门、配管、仪表安装图见图 4-12。试运行，如果输送的水超过110%，考虑叶轮调整。

（2）鼓风机的安装

首先应对照设计及现场设备的实物进行基础的检查验收，并填写基础验收记录。混凝土基础需配有防潮层。鼓风机的搬运，应根据其重量及形体大小，结合现场施工条件，决定运输设备。搬运过程中要固定牢靠，防止磕碰，避免油漆损坏。安装时，索具必须检查合格，吊索的绳长度应一致，以防受力不

图 4-12 泵与阀门、配管、仪表安装图

均、鼓风机变形或损坏。鼓风机安装应平、正、直，安装前要先放线定位。鼓风机安装图见图 4-13。

鼓风机就位后，检查鼓风机电机、空气过滤器、鼓风机本体、空气室、底座配管等是否有损坏或松动，防护漆是否脱落，检查合格后安装配管和附件。鼓风机的配管安装应在鼓风机定位平整稳固后进行，阀门安装手柄方向应便于操作，排列整齐。在鼓风机出口管路安装压力表，压力表朝向应便于读数。鼓风机压力表安装图见图 4-14。

（3）MBR（膜生物反应器）及其附件安装

膜组件由壳体、曝气管、产水集合器和膜元件组成，具体构成见图 4-15。每一支膜元件由平板膜、隔网、支撑板和框架组成。膜材料选用 PVDF（聚偏

图 4-13　鼓风机安装图

图 4-14　鼓风机压力表安装图

氟乙烯）。MBR在高浓度的活性污泥条件下，仍可进行生物反应。它不仅可以降解BOD有机物，还具有硝化除氮的功能。

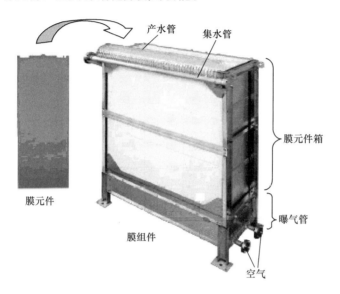

图4-15　膜组件结构图

（4）膜组件的安装

安装膜元件箱体时，在开始清水运行位置前不要拆装包装用塑料布，充分注意焊接火花等，卸下固定在膜元件箱体方角钢上的螺栓、将膜框架安放在曝气箱上部后，再将卸下的螺栓拧紧、固定。安装膜组件时，应使用脚手架、安全用具等确保使用者的安全，膜组件上端与反应器中液面最低水平位置之间的距离必须控制在500mm以上。根据反应器底部的状况，在支撑台上设置膜组件时，曝气管和反应器底部的距离 b 必须控制在400mm以内，根据这一要求适当调整支撑台的高度。具体参数见图4-16，其中 W_1 的距离宜在380～680mm，W_2 的距离为430～730mm。

处理出水管上的连接：集水管的一侧连接处理出水管道，另一侧需用连接件密封。

空气管道的连接：空气管道的连接有两处，一侧连接鼓风机管道，另一侧

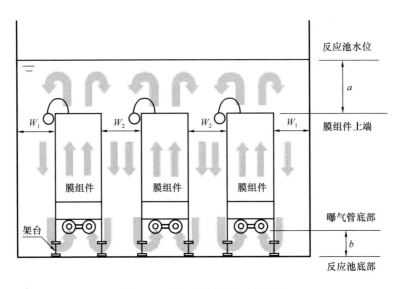

图 4-16　膜组件水深方向配置图

向上连接到曝气管。清洗用阀门应设置在容易操作的位置。

　　空气管道、清洗管道使用时振动激烈，为保证管道不被破损、磨损，使用支架等措施对管道进行足够的支撑。

　　附件安装：清洗用的阀门设在可以开关的地方；流量计、压力表等应安装在人可观测的位置。图 4-17 为膜组件控制阀组安装图。

图 4-17　膜组件控制阀组安装图

（5）膜元件清洗系统安装

膜元件清洗系统由药剂箱、加药泵、水箱组成。药液采用次氯酸钠溶液。具体安装示意图见图4-18。

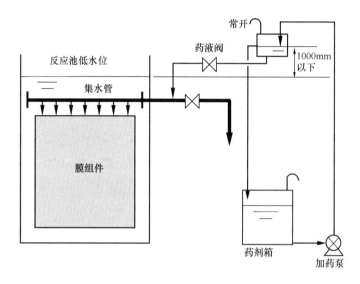

图4-18 膜元件清洗系统安装图

（6）臭氧系统及消毒系统、曝气器等的安装

臭氧发生器必须安装在一个提升的基础上，基础高度至少有100mm，水平尺寸应与技术数据中规定的箱体尺寸相配。安装和搬运过程中要防止磕碰，避免元件、仪表及油漆损坏。臭氧发生器安装位置原则上按施工图，同时满足以下条件：臭氧发生器面板前操作通道宽500～1000mm、净高2000mm，其余三边至少有一条宽400～500mm的维修通道，机房高度至少要求2200mm。安装时应找好臭氧发生器正面和侧面的垂直高度，找正时采用0.5mm铁片进行调整。找平找正后，盘面每米的垂直度应小于1.5mm。箱体接地应牢固良好。计量泵、药品罐的安装应平、正、直，安装前要先放线定位。计量泵、药品罐的配管安装应在定位平整稳固后进行，附件安装手柄方向应便于操作，排列整齐。臭氧发生器安装图见图4-19。

（7）曝气处理装置的安装（散流式曝气器）

图 4-19 臭氧发生器安装图

在设备安装前对水池尺寸进行复核。在做好标记的位置采用与膨胀螺栓相配的钻头钻孔，在孔中插入螺栓，使螺栓与池底充分接触，用手握住螺栓，用锤子敲打其顶部。膨胀螺栓固定好后，将水平调节器支座套入膨胀螺栓，放入垫圈和六角螺母并拧紧。ABS 可调管支架由 ABS 固定底座、ABS 螺纹升降管、尼龙扎带三部分组成，具体结构图见图 4-20。下部通过膨胀螺栓将可调管支架固定于曝气池底，上部通过尼龙扎带固定曝气管，高度可以通过 ABS 螺纹升降管自由调节。应避免损伤塑料，确保调节器底座下面的池底干净。用不锈钢化学螺栓固定支架，拧紧螺母后，螺栓必须露出螺母 1.5～5 个螺距。

根据图纸尺寸切管下料；中间进气主管定位，将配套的四通或代三通粘结好（注意一定要横平竖直）。

安装供气支管、供气立管等。曝气器距池底高度在 150～250mm 之间，安装间距为 500mm，供气支管采用 ABS 工程塑料管。设置排空管，在停曝后重新开机时，首先加大气量拧开排空阀，以便排出管内积水。

根据图纸上曝气器的位置在支管上放线、开孔，开孔大小一般为 $\phi6$～$\phi8$，具体根据曝气器型号确定。打孔后的碎屑一定要清理干净，不得留在管路中。

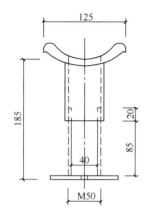
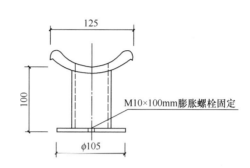

图 4-20　ABS 可调管支架示意图

把支管放在可调管支架上，与中间的进气主管粘结在一起，把两侧边管的三通接口、弯头接口与支管的管口粘结在一起（注意一定要横平竖直）。用可调管支架调节整体管路的水平度。扎上可调管支架的尼龙扎带（方法：把尼龙扎带不带孔的一边扣在支架的卡槽内，然后找一根 φ12 左右的铁棍插入尼龙扎带的方孔里，轻轻一压就扣上了）。

在支管上打孔的位置粘结曝气器接嘴。待曝气器接嘴粘结牢固后（约24h），再安装曝气器。曝气系统供气管道与曝气器安装图见图 4-21。

曝气器及管路安装完毕后，池内应放进清水至曝气器上部 100mm 左右，再进行通气测试，如发现有漏气应做上标记并及时修复，待完全合格后，正式投入使用。

为了达到最大的充氧效率，曝气器必须尽可能安装在接近于池底的某一个平面上，在已经安装好的管网中，各个曝气器之间的高度偏差不大于 10mm。打开通气阀门和清扫口法兰，把管网中所有杂物除掉，以待调试。

（8）药液与投药设备的安装

药液与投药设备的安装应做到平、正、直，消毒药罐采用 PE 材质，与加药泵用 DN20 的管相连，消毒药罐安装图见图 4-22。

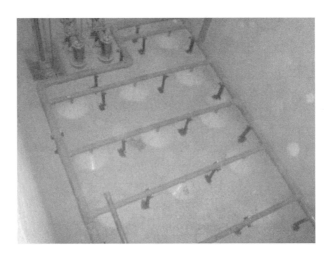

图 4-21　曝气系统供气管道与曝气器安装图

图 4-22　消毒药罐安装图

（9）机械格栅安装

机械格栅选用回转式机械格栅、尼龙耙齿。安装就位可采用小型起重机或人字架，机械格栅的固定可采用 M16 膨胀螺栓或预埋 500mm×200mm×

12mm 两块钢板固定，具体安装图见图 4-23。此机械格栅安装于生活污水进水口处，用于去除大颗粒物质，保障水流畅通，保护水泵的叶轮不受伤害。

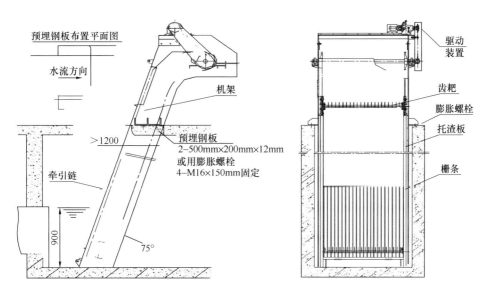

图 4-23　回转式机械格栅安装图

4.1.4.4　医院污水常用消毒技术

医院污水消毒是医院污水处理的重要工艺过程，目的是杀灭污水中的各种致病菌。医院污水消毒常用的消毒工艺有氯消毒（如氯气、二氧化氯、次氯酸钠）、氧化剂消毒（如臭氧、过氧乙酸）、辐射消毒（如紫外线、γ射线）。表4-3 对常用的氯消毒、次氯酸钠消毒、二氧化氯消毒、臭氧消毒和紫外线消毒方法的优缺点进行了归纳和比较。

常用消毒方法比较　　　　　　　　　　　　　　　　表 4-3

消毒药品	优点	缺点	消毒效果
氯 Cl₂	具有持续消毒作用；工艺简单，技术成熟；操作简单，投量准确	产生具有致癌、致畸作用的有机氯化物（THMs）；处理水有氯或氯酚味；氯气腐蚀性强；运行管理有一定的危险性	能有效杀菌，但杀灭病毒效果较差

消毒药品	优点	缺点	消毒效果
次氯酸钠 NaClO	无毒，运行、管理无危险性	产生具有致癌、致畸作用的有机氯化物（THMs）；使水的 pH 值升高	与 Cl_2 杀菌效果相同
二氧化氯 ClO_2	具有强烈的氧化作用，不产生有机氯化物（THMs）；投放简单方便；不受 pH 值影响	ClO_2 运行、管理有一定的危险性；只能就地生产，就地使用；制取设备复杂；操作管理要求高	较 Cl_2 杀菌效果好
臭氧 O_3	有强氧化能力，接触时间短；不产生有机氯化物；不受 pH 值影响；能增加水中溶解氧	臭氧运行、管理有一定的危险性；操作复杂；制取臭氧的产率低；电能消耗大；基建投资较大；运行成本高	杀菌和杀灭病毒的效果均很好
紫外线	无有害的残余物质；无臭味；操作简单，易实现自动化；运行管理和维修费用低	电耗大；紫外灯管与石英套管需定期更换；对处理水的水质要求较高；无后续杀菌作用	效果好，但对悬浮物浓度有要求

4.1.4.5 医院污泥处理工艺流程

污泥处理工艺以污泥消毒和污泥脱水为主。水处理工艺产生的剩余污泥在污泥消毒池内，投加石灰或漂白粉作为消毒剂进行消毒。若污泥量很小，则消毒污泥可排入化粪池进行贮存；污泥量大，则消毒污泥需经脱水后封装外运，作为危险废物进行焚烧处理。

4.1.4.6 废气处理工艺路线选择

为防止病毒从医院水处理构筑物表面挥发到大气中而造成病毒的二次传播污染，应加盖板密闭水处理池，盖板上预留进、出气口，把处于自由扩散状态的气体组织起来。组织气体进入管道，定向流动到能阻截、过滤吸附、辐照或杀死病毒、细菌的设备中，经过有效处理后再排入大气。废气可采用臭氧、过氧乙酸、含氯消毒剂、紫外线、高压电场、过滤吸附和光催化消毒处理，对空气传播类病毒进行有效灭活。

4.2　机电工程施工技术

洁净工程，即洁净室，是指将一定空间范围内空气中的微粒子、有害空气、细菌等污染物排除，并将室内温度、洁净度、室内压力、气流速度与气流分布、噪声、振动及照明、静电控制在某一需求范围内，所特别设计的房间。不论外在空气条件如何变化，其室内均能维持原先设定要求的洁净度、温湿度及压力等性能。

一般在医院的 ICU，手术部及手术部办公辅房、产房，NICU 等处都要采用洁净施工技术。本洁净施工技术从通风空调施工技术、电气施工技术、管道施工技术三个方面加以介绍。

4.2.1　通风空调施工技术

4.2.1.1　通风空调设计要求

洁净室安装的核心内容就是确保整个工程能够达到或优于国家洁净室相关建设标准，因此确保洁净度是我们最为关注的要点。要使整个工程符合净化的要求，需从三个方面着手：流程控制、压差控制、洁净度控制。而真正实现一个优秀的净化设计，必须因地制宜，制定合适的净化解决方案。

流程控制：洁污分流、互不干扰。

压差控制：相互连通的不同级别的洁净室之间，洁净度高的用房应对洁净度低的用房保持相对正压，做到气流有序。

洁净度控制：三级有效安全过滤保证，即一级初（粗）效过滤器（G4）、二级中效过滤器（F8）、三级高效过滤器（H13 或 H14）。

（1）设计参数

手术部的洁净用房等级标准：洁净手术室用房的等级标准（静态或空态）见表 3-5，洁净辅助用房的等级标准（静态或空态）见表 3-6，洁净室手术部用房主要技术指标见表 4-4。

洁净室手术部用房主要技术指标　　　　　　表 4-4

名称	室内压力	最小换气次数（次/h）	工作区平均风速（m/s）	温度（℃）	相对湿度（%）	最小新风量［m³/（h·m²）或次/h］（仅指本栏括号中数据）	噪声dB（A）	最低照度（lx）	最少术间自净时间（min）
Ⅰ级洁净手术室和需要无菌操作的特殊用房	正	—	0.20～0.25	21～25	30～60	15～20	≤51	≥350	10
Ⅱ级洁净手术室	正	24	—	21～25	30～60	15～20	≤49	≥350	20
Ⅲ级洁净手术室	正	18	—	21～25	30～60	15～20	≤49	≥350	20
Ⅳ级洁净手术室	正	12	—	21～25	30～60	15～20	≤49	≥350	30
体外循环室	正	12	—	21～27	≤60	(2)	≤60	≥150	—
无菌敷料室	正	12	—	≤27	≤60	(2)	≤60	≥150	—
未拆封器械、无菌药品、一次性物品和精密仪器存放室	正	10	—	≤27	≤60	(2)	≤60	≥150	—
护士站	正	10	—	21～27	≤60	(2)	≤55	≥150	—
预麻醉室	负	10	—	23～26	30～60	(2)	≤55	≥150	—
手术室前室	正	8	—	21～27	≤60	(2)	≤60	≥200	—
刷手间	负	8	—	21～27	—	(2)	≤55	≥150	—
洁净区走廊	正	8	—	21～27	≤60	(2)	≤52	≥150	—
恢复室	正	8	—	22～26	25～60	(2)	≤48	≥200	—
脱包间	外间脱包负	—	—	—	—	—	—	—	—
	内间暂存正	8	—	—	—	—	—	—	—

注：1　平均风速指集中送风区地面以上 1.2m 截面的平均风速。

　　2　温湿度范围下限为冬季的最低值，上限为夏季的最高值。

　　3　手术室新风量的取值，应根据有无麻醉或电刀等在手术过程中散发有害气体而增减。

（2）空气处理方式

夏季工况，将新风集中降温除湿处理，即先通过新风机内足够多的盘管确保将新风除湿处理到13℃，经风机温升的新风再热后与回风混合，再经过循环机组冷水盘管处理至送风温度。

冬季工况，采用电加热方式将新风预热到4℃，经风机温升的新风与回风混合，再通过循环机组对循环空气进行热湿处理至送风状态点。Ⅰ级手术室空气处理过程（焓湿图）见图4-24，Ⅱ级手术室空气处理过程（焓湿图）见图4-25，Ⅲ级手术室空气处理过程（焓湿图）见图4-26。

（3）气流组织设计

ICU、CCU采用上送上回风方式；手术室采用洁净送风天花集中送风，两侧下回风；洁净送风天花内置高效过滤器，出风处采用进口阻尼网层以均匀气流，高效过滤器采用侧装方式；洁净辅房采用上送风，两侧下回风，宽小于3m可采用单侧下回风，送风口内置高效过滤器；洁净走廊采用上送上回风方式，送风口内置高效过滤器；清洁走廊、清洁辅房采用上送下回风方式，送风口内置亚高效过滤器；供应室，主净化区采用上送下回风方式，其他区域采用上送上回风方式。

（4）排风设计

ICU、CCU的污物处置间、卫生间等房间设计排风系统；每间手术室均设单独的净化排风系统，麻醉室、清洁间、消毒间卫生等房间设计排风系统；中心供应室的卫生间、清洗间等房间设计排风系统；排风机选用低噪声类型。

（5）空调系统与空调机组的组成

净化空调系统组成：洁净型空调机组、卫生型消声器、风量调节阀、防火阀、洁净送风天花（送风口）、回风口等。

新风供应系统组成：防水百叶、防虫网、初中效过滤器、电动风量调节阀。

排风系统组成：低噪声排风机、止回阀、风量调节阀、防水百叶。

采用自取新风供应的净化型空调机组，设置粗效过滤器、风机、中效过滤

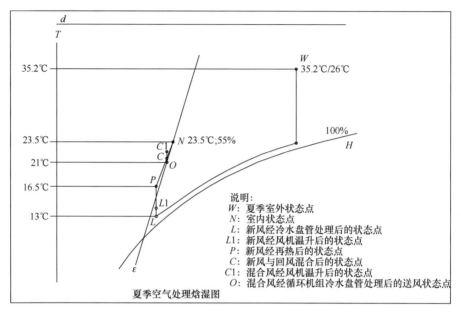

说明：
W：夏季室外状态点
N：室内状态点
L：新风经冷水盘管处理后的状态点
L1：新风经风机温升后的状态点
P：新风经再热后的状态点
C：新风与回风混合后的状态点
C1：混合风经风机温升后的状态点
O：混合风经循环机组冷水盘管处理后的送风状态点

夏季空气处理焓湿图

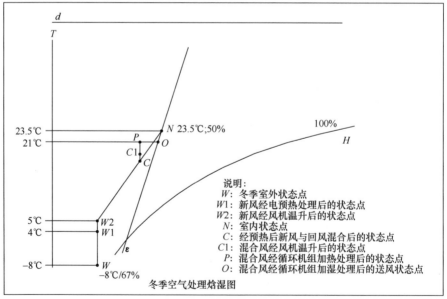

说明：
W：冬季室外状态点
W1：新风经电预热处理后的状态点
W2：新风经风机温升后的状态点
N：室内状态点
C：经预热后新风与回风混合后的状态点
C1：混合风经风机温升后的状态点
P：混合风经循环机组加热处理后的状态点
O：混合风经循环机组加湿处理后的送风状态点

冬季空气处理焓湿图

图 4-24　Ⅰ级手术室空气处理过程焓湿图

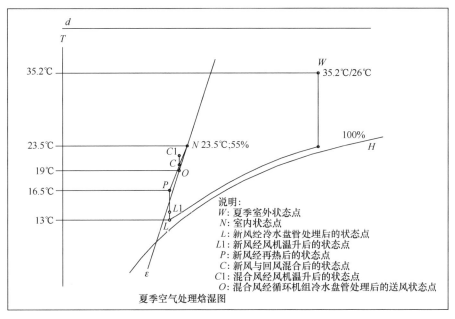

说明：
W：夏季室外状态点
N：室内状态点
L：新风经冷水盘管处理后的状态点
L1：新风经风机温升后的状态点
P：新风经再热后的状态点
C：新风与回风混合后的状态点
C1：混合风经风机温升后的状态点
O：混合风经循环机组冷水盘管处理后的送风状态点

夏季空气处理焓湿图

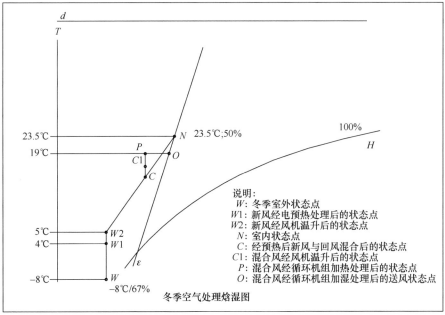

说明：
W：冬季室外状态点
W1：新风经电预热处理后的状态点
W2：新风经风机温升后的状态点
N：室内状态点
C：经预热后新风与回风混合后的状态点
C1：混合风经风机温升后的状态点
P：混合风经循环机组加热处理后的状态点
O：混合风经循环机组加湿处理后的送风状态点

冬季空气处理焓湿图

图 4-25　Ⅱ级手术室空气处理过程焓湿图

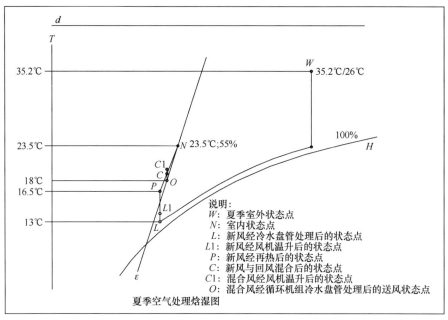

夏季空气处理焓湿图

说明：
W：夏季室外状态点
N：室内状态点
L：新风经冷水盘管处理后的状态点
*L*1：新风经风机温升后的状态点
P：新风经再热后的状态点
C：新风与回风混合后的状态点
*C*1：混合风经风机温升后的状态点
O：混合风经循环机组冷水盘管处理后的送风状态点

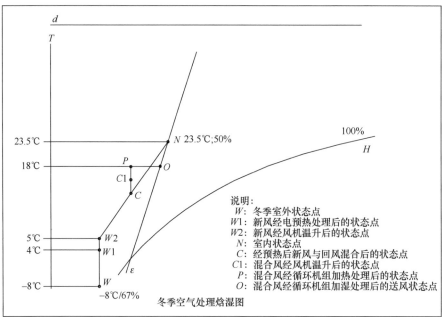

冬季空气处理焓湿图

说明：
W：冬季室外状态点
*W*1：新风经电预热处理后的状态点
*W*2：新风经风机温升后的状态点
N：室内状态点
C：经预热后新风与回风混合后的状态点
*C*1：混合风经风机温升后的状态点
P：混合风经循环机组加热处理后的状态点
O：混合风经循环机组加湿处理后的送风状态点

图 4-26　Ⅲ级手术室空气处理过程焓湿图

器、表冷加热盘管、加湿器等，配有消毒装置、压差报警开关，新风量由电动风量调节阀控制。

（6）冷热源设计

根据设计要求待定。

（7）空调系统运行控制

循环风空调机组：正常工作时间，循环风空调机组正常风量运行；非工作时间，机组低速运行。

自取新风空调机组：正常工作时间，机组正常风量运行；非工作时间，机组进入值机状态，按照值机风量运行。

手术室排风机：排风机与循环风空调机组和手术室自动门采用联动设置。循环风空调机组开始运行时，排风机也开始运行。手术过程中，当手术室自动门打开时，排风机停止运行；当手术室自动门关闭时，排风机恢复运行。

系统排风机：系统运行时，排风机运行；系统值机时，排风机停止。

功能房排风机：功能房需要排风操作时，开启排风机，其余时间排风机停止。

（8）空调系统的自动控制

每个净化空调系统均配置配套的自动控制设备和配电设备，变频器、DDC（或 PLC）控制器采用成套产品。

温湿度控制采用温湿度传感器及其配套执行机构。

控制系统分为本地控制和远程控制两种方式。空调机组旁设本地控制柜，能进行系统的控制，利用配置的远程控制系统，能在护士站进行远程控制和温湿度的设定。

系统内的送风机、新风机、排风机、表冷器、过滤器、防火阀等设备通过自控系统实施工程控制。

自控系统包括强电控制和弱电控制两部分，能在地下室 BA 工作站内对净化空调机组状态、温度、进出水压力进行监测。机组采用变频或双速控制，以保证手术室在空闲时处于值机状态。

4.2.1.2 净化空调系统施工技术

净化空调系统的分项工程一般包括：风管及附件制作、风管系统安装、消声设备和附件安装、风机安装、空调设备安装、系统检测、高效过滤器安装、局部净化设备安装、风管和设备的绝热保温等。

净化空调系统施工流程：安装风管吊架→安装风管与调节阀、防火阀→风管清扫与密闭检查→风管保温→安装墙面龙骨→安装墙面→安装吊顶吊杆→架设吊顶龙骨→安装吊顶板面→安装净化空调器→室内清扫→空调运行→室内清扫→空调机运行→空调系统风量调整→风管吹风→安装高效过滤器→安装扩散孔板→再次清扫室内卫生→净化空调系统参数测试。

（1）净化空调系统的施工安装基本要求

净化空调系统的施工安装应按洁净工程的整体施工组织要求、计划进度安排和洁净室特有的施工程序组织安排，通常的施工安装要求有：

1）承担洁净室净化空调系统施工的企业，应具有相应的工程施工安装的资质、等级和相应质量管理体系。

2）洁净室净化空调系统的施工，应注意与土建工程施工及其他专业工种的相互配合，按规定做好与各专业工程之间的交接，相互保护已施工的成品，认真办理必要的交接手续和签署记录文件，有的还需业主、监理共同签署。

3）洁净室净化空调系统的施工安装以及风管及其附件的制作、设备和管道等安装、检查验收、测试等均应符合现行《洁净室施工及验收规范》GB 50591、《通风与空调工程施工质量验收规范》GB 50243 的有关规定。施工安装必须严格按设计图纸和合同的各项要求进行。施工过程中的修改，应得到业主、监理、设计方的认可。

4）施工过程中所使用的材料、附件或半成品等，必须按规范和设计图纸的有关规定进行验收，并做质量记录。在进行隐蔽工程前，必须经工程监理验收、认可，并做质量记录。

（2）风管及其附件的制作与安装

净化空调系统常见的风管是镀锌铁皮风管、玻璃钢风管和不锈钢风管等。

　　风管按其系统的工作压力划分为三个类别，如表 4-5 所示，洁净室净化空调系统的风管密封要求均应按表 4-5 中高压系统取值。

风管系统的类别划分　表 4-5

系统类别	系统工作压力 P（Pa）	密封要求
低压系统	$P \leqslant 500$	接缝和接管连接处严密
中压系统	$500 < P \leqslant 1500$	接缝和接管处增加密封措施
高压系统	$P > 1500$	所有的拼接缝和接管连接处，均应采取密封措施

　　净化空调系统的风管应采用不燃材料，其附件、保温材料、消声材料和胶粘剂等均采用不燃材料或难燃材料。净化空调系统的风管不得有横向拼接缝，尽量减少纵向拼接缝，内表面必须平整、光滑，不得在风管内设加固框及加固筋。净化空调系统的送回风总管、排风系统的吸风总管均设消声设施。净化空调系统的风管应按设计要求刷涂料。当设计无要求时，可按表 4-6 要求刷涂涂料。

风管刷涂料的要求　表 4-6

风管材料	系统部位	涂料类别	刷涂遍数
冷轧钢管	全部	内表面：醇酸类底漆 　　　　醇酸类磁漆	2 2
		外表面：保温，红底漆 　　　　无保温，红底漆 　　　　调和漆	2 1 2
镀锌钢板	回风管，高效过滤器前送风管	内表面：一般不刷涂 当镀锌钢板表面有明显氧化层，有针孔、麻点、起皮和镀锌层脱落等缺陷时，按下列要求刷涂： 磷化底漆 锌黄醇酸类底漆 面漆（磁漆或调和漆等）	 1 2 3
		外表面：不刷涂	
	高效过滤器后送风管	内表面：磷化底漆 锌黄醇酸类底漆 面漆（磁漆或调和漆等）	1 2 2
		外表面：不刷涂	

安装前的准备及要求：一般送排风系统和一般空调系统的安装，要在建筑物围护结构施工已完成，安装部位的障碍物已清理，地面无杂物的条件下进行。净化空调系统风管的安装，应在建筑物内部安装部位的地面、墙面做好，室内无灰尘飞扬或有防尘措施的条件下进行。

风管及其附件安装前应进行认真的清洗。净化空调系统风管的清洗是该系统施工全过程中的重要工序，做好风管的清洗可以控制该系统的洁净度，延长高效过滤器的使用寿命。风管的支、吊架安装前必须经镀锌处理。风管安装应按设计图纸或大样图进行，并应有施工技术、质量、安全交底。净化空调系统用风管的漏风量法检测非常重要，《通风与空调工程施工质量验收规范》GB 50243—2016给出了漏光法检测和漏风量法检测两种方法，对于净化空调系统宜用正压漏风量法检测。

风管及其附件的清洗步骤如下：

1）清洗和材料：净化空调系统用风管清洗工作所使用的清洗剂、溶剂等应符合表4-7的要求；用自来水清洗风管及其零部件外表面时，应保持水质清洁，无杂质、泥沙。

风管清洗用材料

表 4-7

材料名称	规格	备注
三氯乙烯	工业纯	
乙醇	工业纯	
洗洁精	家用	
活性清洗剂		适用于清洗洁净厂房
绸布		
塑料薄膜	厚 0.1mm	
封箱带	宽 50mm，厚 0.1mm	
纯水	10MΩ 以上	
其他过滤水	无残留杂质、中性	

2）对清洗用具的要求：清洗风管的机具设备应专管专用，不得混作他用，更不得使用清洗风管的容器盛装其他溶剂、油类及污水，并应保持容器的清洁干净。在清洗过程中使用的任何物质不得对人体和材质有危害，并应保证不带

尘、不产尘（如掉渣、掉毛、使用后产生残迹等）。

3）作业条件：清洗场地要求封闭隔离、无尘土。清洗场地应铺设干净、不产尘的地面保护材料（如橡胶板、塑料板等），每天至少清扫擦拭2～3次，保持场内干净无尘。清洗场地应建立完善的卫生管理制度，对进出人员及机具、材料、零部件进行检查，符合洁净要求方可携带入内。清洗、漏光检验场地可使用厂房进行间壁隔离设置，但应符合清洁、无尘源的要求和漏光检验时遮光的要求，并便于管理和成品的运输。清洗场地应配备良好的通风设施，保持良好的通风状态，在风管清洗时（包括槽罐内清洗）应具有良好的通风方可施工。

4）作业过程中，风管及其部件的清洗一般采用以下顺序：检查涂胶密封是否合格，如不合格应补涂，直至合格；用半干湿抹布擦拭外表面；用清洁、半干湿的抹布擦拭内表面浮尘；用三氯乙烯或经稀释的乙醇、活性清洗剂擦拭内表面，去掉所有的油层、油渍；将擦净的产品进行干燥处理（风干或吹干）；用白绸布检查内表面清洗质量，以白绸布揩擦不留任何灰迹、油渍为清洗合格；立即将产品两端用塑料薄膜及粘胶带（50mm宽）进行封闭保护，以防止外界不净空气渗入。

5）成品保护：清洗后合格的产品，两端应用塑料薄膜封闭保护，若工作需要揭开保护膜，在操作后应立即恢复密封，非工作需要不得擅自揭开保护膜。保护膜遭破坏后应及时修复，保证管内的洁净度，否则应重新清洗，重新密封处理。经检验合格应加检验合格标志，并妥善存放保管，防止混用。存放场地应清扫干净，铺设橡胶板加以保护。

风管及其附件的安装：支、吊架的安装，应按风管的中心线找出吊杆位置，风管、支吊杆一般采用膨胀螺栓安装形式。洁净风管连接必须严密不漏；法兰垫料为不产尘、不易老化和具有一定强度、柔性的材料，厚度为5～8mm，不得采用乳胶海绵。严禁在垫料表面刷涂料。经清洗密封的风管及其附件安装前不得拆卸，安装时打开端口封膜后，随即连接好接头；若中途停顿，应把端口重新封好。风管静压箱安装后内壁必须进行清洁，无浮尘、油污、锈蚀及杂物等。

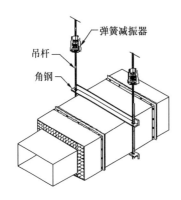

弹簧减振器
吊杆
角钢

图 4-27　风管支、吊架

风阀、消声器等部件安装时必须清除内表面的油污和尘土。风阀的轴与阀体连接处缝隙应有密封措施。支、吊、托架的形式（图 4-27）、规格、位置、间距及固定必须符合设计要求和施工规范的规定，严禁设在风口、阀门及检视门处。不锈钢、铝板风管采用碳素钢支架，必须进行防腐、绝缘及隔离处理。风管与洁净室吊顶、隔墙等围护结构的穿越处应严密，可设密封填料或密封胶，不得有漏风或渗漏现象发生。风管保温层外表面应平整、密封，无振裂和松弛现象。若洁净室内风管有保温要求，保温层外应做金属保护壳，其外表面应当光滑、不积尘，便于擦拭，接缝必须密封。

（3）高效空气过滤器的安装

洁净室内高效过滤器的安装是最关键的一道工艺。

1）高效过滤器安装前必须具备的条件和进行的工作

洁净室内的装修、安装工程全部完成，并对洁净室进行全面清扫、擦净。

净化空调系统内部必须全面清洁、擦净，并认真检查，若发现有积尘现象，应再次清扫、擦净，达到清洁要求。

若在技术夹层或吊顶内安装高效过滤器，要求夹层或吊顶内应全面清扫、擦净，达到清洁要求。

高效过滤器在安装现场拆开包装进行外观检查，检查内容包括框架、滤材、密封胶有无损伤；各种尺寸是否符合图纸要求；框架有无毛刺和锈斑（金属框）；有无产品合格证，其技术性能是否符合工程设计要求。对于空气洁净度等级等于高于 5 级（100 级）的洁净室所用的高效过滤器，应按规定进行检漏，检漏合格后方可安装。

洁净室和净化空调系统达到清洁要求后，净化空调系统必须进行试运转

（空吹），连续空吹 12～24h 后再次清扫、擦净洁净室，立即安装高效过滤器。

2）高效过滤器的安装

高效过滤器的安装（图 4-28）形式有洁净室内安装、吊顶或技术夹层内安装两种（图 4-29）；高效过滤器与框架之间的密封方法有密封垫、负压密封、液槽密封等。

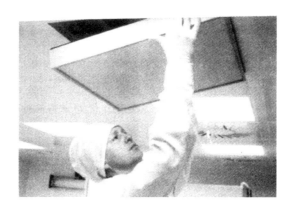

图 4-28　高效过滤器的安装

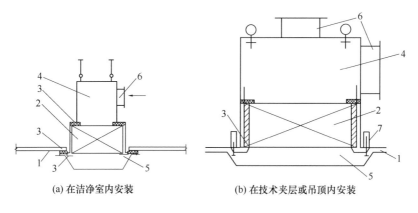

(a) 在洁净室内安装　　　　　(b) 在技术夹层或吊顶内安装

图 4-29　高效过滤器的安装详图

1—顶棚；2—高效过滤器；3—密封垫；4—静压箱；
5—扩散板；6—连接风管；7—压框

安装过程应根据每台过滤器的阻力大小进行合理配置。高效过滤器安装时，外框上箭头和气流方向一致。安装高效过滤器的框架应平整，每个高效过滤器的安装框架平整度允许偏差不大于 1mm。

高效过滤器安装时，必须将填料表面、过滤器边框、框架表面以及液槽擦净。采用密封垫时，其垫片厚度不宜超过 8mm，其接头形式和材质可与洁净风管法兰密封垫相同。采用液槽密封时，液槽的液面高度要符合设计要求，一般为 2/3 槽深，密封液的熔点宜高于 50℃，框架各接缝处不得有渗液现象。采用双环密封条时，粘贴密封条时不要把孔眼堵住；双环密封、负压密封时都必须保持负压管道畅通。

（4）净化设备的安装

根据洁净室洁净度的不同要求，净化间空气处理方式较多，常用的净化设备主要包括空调机组（AHU）、新风机组（MAU）、风机过滤单元（FFU）、干盘管（DCC）、高效过滤器、洁净层流罩等。主要有以下几种形式：AHU ducted type、AHU＋HEPA（高效过滤器）unit type、AHU＋FFU type、MAU＋DCC＋FFU type。

其安装的基本要求如下：

1）根据洁净室中产品生产的需要和人员净化、物料净化等要求，一般设有各种类型的净化设备。各类净化设备与洁净室的围护结构相连时，其接缝必须密封。

2）风机过滤单元（FFU）、空气净化设备（FMU）的安装。

FFU 或 FMU 装置应在清洁的现场进行外观检查，目测不得有变形、锈蚀、漆膜脱落、拼接板破损等现象。

FFU 的高效过滤器安装前应进行检漏测试，合格后才能进行安装。方向安装必须正确，安装后的 FFU 应便于检修。

安装后的 FFU 应保持整体平整，与吊顶衔接应良好。风机箱与过滤器之间、风机过滤单元与吊顶框架之间的连接处均应设有可靠的密封措施。

FFU 在进行系统试运转时，必须在进风口加装临时中效过滤器。

3）带有风机的气闸室、风淋室与地面间应设置隔震垫；安装时应按产品说明要求，做到平整，并与洁净室围护结构间配合正确，其接缝处应进行密封。

4）机械余压阀的安装，阀体、阀板的转轴均应水平，允许偏差为2/1000。余压阀的安装位置应符合设计要求，一般设在室内气流的下风侧，而不应设在工作面高度的范围内。

5）传递窗的安装应符合设计图纸和产品说明书的要求，安装应牢固、垂直，与墙体的连接处应进行密封。

6）洁净层流罩的安装：应设有独立的吊杆，并设有防晃动的固定措施。层流罩安装的水平度允许偏差为1/1000，高度允许偏差为±1.0mm。当层流罩安装在吊顶上时，其四周与顶棚之间应设有密封和隔震措施。

（5）净化空调系统调试及检测

目的：满足净化室的净化要求，达到空调的正常运行，电气系统的供电良好，自动控制可靠。

方法：主要有漏风量测试、风量或风速的检测、静压差的检测、空气过滤器泄漏测试、室内空气洁净度等级的检测、室内浮游菌和沉降菌的检测、室内空气温度和相对湿度的检测、室内噪声的检测。

1）漏风量测试：

正压或负压系统风管与设备的漏风量测试，分为正压试验和负压试验两类。一般可采用正压条件下的测试来检验。

系统漏风量测试可以整体或分段进行。测试时，被测系统的所有开口均应封闭，不应漏风。

被测系统的漏风量超过设计的规定时，应查出漏风部位（可用听、摸、观察、水或烟检漏），做好标记；修补完工后，重新测试，直至合格。

漏风量测定值一般应为规定测试压力下的实测数值。特殊条件下，也可用相近或大于规定压力下的测试值代替，其漏风量可按下式换算：

$$Q_0 = Q(P_0/P)^{0.65}$$

式中：P_0——规定试验压力，500Pa；

Q_0——规定试验压力下的漏风量 $[m^3/(h \cdot m^2)]$；

P——风管工作压力（Pa）；

Q——工作压力下的漏风量 $[m^3/(h \cdot m^2)]$。

2) 风量或风速的检测：

① 对于单向流洁净室，采用室截面平均风速和截面积乘积的方法确定送风量。离高效过滤器 0.3m，垂直于气流的截面作为采样测试截面，截面上测点间距不宜大于 0.6m，测点数不应小于 5 个，以所有测点风速读数的算术平均值作为平均风速。

② 对于非单向流洁净室，采用风口法或风管法确定送风量，做法如下：

风口法是指在安装有高效过滤器的风口处，根据风口形状连接辅助风管进行测量，即用镀锌钢板或其他不产尘材料做成与风口形状及内截面相同、长度等于 2 倍风口长边长的直管段，连接于风口外部。在辅助风管出口平面上，按最少测点数不少于 6 点均匀布置，使用热球式风速仪测定各测点的风速。然后，以求取的风口截面平均风速乘以风口净截面积求取测定风量。

对于风口上风侧有较长的支管段，且已经或可以钻孔时，可以用风管法确定风量。测量断面应位于大于或等于局部阻力部件前 3 倍管径或长边长，局部阻力部件后 5 倍管径或长边长的部位。

对于矩形风管，是将测定截面分割成若干个相等的小截面。每个小截面尽可能接近正方形，边长不应大于 200mm，测点应位于小截面中心，但整个截面上的测点数不宜大于 3 个。

对于圆形风管，应根据管径大小，将截面划分成若干面积相同的同心圆环，每个圆环测 4 点。根据管径确定圆环数量，不宜少于 3 个。

3) 静压差的检测：

静压差的测定应在所有门关闭的条件下，由高压向低压，由平面布置上与外界最远的里间房间开始，依次向外测定。

采用的微差压力计，其灵敏度不应低于 0.5Pa。

有孔洞相通的不同等级相邻的洁净室，其洞口处应有合理的气流流向。洞口的平均风速大于等于 0.2m/s 时，可用热球风速仪检测。

4）高效过滤器泄漏测试：

高效过滤器的检漏，应使用采样速率大于 1L/min 的光学粒子计数器。D 类高效过滤器宜使用激光粒子计数器或凝结核计数器。

采用粒子计数器检漏高效过滤器，其上风侧应引入均匀浓度的大气尘或其他气溶胶尘的空气。对粒径大于等于 $0.5\mu m$ 尘粒，浓度应大于等于 $3.5\times10^5\,pc/m^3$；或对大于等于 $0.1\mu m$ 尘粒，浓度应大于等于 $3.5\times10^7\,pc/m^3$；若检测 D 类高效过滤器，对大于等于 $0.1\mu m$ 尘粒，浓度应大于等于 $3.5\times10^9\,pc/m^3$。

高效过滤器的检测采用扫描法，即在过滤器下风侧用粒子计数器的等动力采样头，放在距离被检部位表面 20～30mm 处，以 5～20mm/s 的速度，对过滤器的表面、边框和封头胶处进行移动扫描检查。

泄漏率的检测应在接近设计风速的条件下进行。在移动扫描检测工程中，应对计数突然递增部位进行定点检验。

5）室内空气洁净度等级的检测：

① 空气洁净度等级的检测应在设计指定的占用状态（空态、静态、动态）下进行。

② 检测仪器应使用采样速率大于 1L/min 的光学粒子计数器，在仪器选用时应考虑粒径的鉴别能力、粒子浓度适用范围和计数效率。仪器应有有效的标定合格证书。

③ 采样点的规定：最低限度的采样点数 N_L 见表 4-8；采样点应均匀分布于整个面积内，并位于工作区的高度（距地坪 0.8m 的水平面），或设计单位、业主特指的位置。

最低限度的采样点数 表 4-8

采样点数 N_L	2	3	4	5	6	7	8	9	10
洁净区面积 A（m²）	2.1～6.0	6.1～12.0	12.1～20.1	20.1～30.0	30.1～42.0	42.1～56.0	56.1～72.0	72.1～90.0	90.1～110.0

注：1. 在水平单向流时，面积 A 为与气流方向呈垂直的流动空气截面的面积。

2. 最低限度的采样点数 N_L 按公式 $N_L=A^{0.5}$ 计算（四舍五入取整数）。

④ 采样量的确定：每次采样的最少采样量见表 4-9；每个采样点的最少采样时间为 1min，采样量至少为 2L；每个洁净室（区）最少采样次数为 3 次。当洁净区仅有一个采样点时，则在该点至少采样 3 次；对预期空气洁净度等级达到 4 级或更洁净的环境，采样量很大，可采用《洁净室及相关受控环境》ISO 14644-1 附录 F 规定的顺序采样法。

最少采样量　　　　　　　　　　　　　　　　　　表 4-9

洁净度等级	粒径（μm）					
	0.1	0.2	0.3	0.5	1.0	5.0
1	2000	8400	—	—	—	—
2	200	840	1960	5680	—	—
3	20	84	196	568	2400	—
4	2	8	20	57	240	—
5	2	2	2	6	24	680
6	2	2	2	2	2	68
7	—	—	—	2	2	7
8	—	—	—	2	2	2
9	—	—	—	2	2	2

⑤ 检测采样的规定：采样时采样口处的气流速度，应尽可能接近室内的设计气流速度。

对于单向流洁净室，其粒子计数器的采样管口应迎着气流方向；对于非单向流洁净室，采样管口宜向上。

采样管必须干净，连接处不得有渗漏。采样管的长度应根据允许长度确定，如果无规定时，不宜大于 1.5mm。

室内的测定人员必须穿洁净工作服，且不宜超过 3 名，并应远离或位于采样点的下风侧静止不动或微动。

⑥ 记录数据评价。空气洁净度测试中，当全室（区）测点为 2~9 点时，必须计算每个采样点的平均粒子浓度 Ci 值、全部采样点的平均粒子浓度 N 及其标准差，导出 95％置信上限值。

每个采样点的平均粒子浓度 Ci 应小于或等于洁净度等级规定的限值，见表 4-10。

洁净度等级规定的限值　　　　　　　　表 4-10

洁净度等级	大于或等于表中粒径 D 的最大浓度 Cn（pc/m³）					
	$0.1\mu m$	$0.2\mu m$	$0.3\mu m$	$0.5\mu m$	$1.0\mu m$	$5.0\mu m$
1	10	2	—	—		
2	100	24	10	4		
3	1000	237	102	35	8	—
4	10000	2370	1020	352	83	—
5	100000	23700	10200	3520	832	29
6	1000000	237000	102000	35200	8320	293
7	—	—	—	352000	83200	2930
8	—	—	—	3520000	832000	29300
9	—	—	—	35200000	8320000	293000

注：1. 本表仅表示了整数值的洁净度等级（N）悬浮粒子最大浓度的限值。

2. 对于非整数洁净度等级，其对应于粒子粒径 D 的最大浓度限值（Cn），应按下列公式计算求取：$Cn=10N(0.1/D)^{2.08}$。

3. 洁净度等级定级的粒径范围为 $0.1\sim5.0\mu m$，用于定级的粒径数不大于 3 个，且其粒径的顺序差不应小于 1.5 倍。

全部采样点的平均粒子浓度 N 的 95% 置信上限值，应小于或等于洁净度等级规定的限值，即：

$$(N+t\times s/\sqrt{n})\leqslant \text{级别规定的限值}$$

式中：N——室内各测点平均含尘浓度，$N=\sum Ci/n$；

n——测点数；

s——室内各测点平均含尘浓度 N 的标准差：

$$s=\sqrt{(Ci-N)^2/n-1}$$

t——置信度上限为 95% 时，单侧 t 分布的系数，见表 4-11。

单侧 *t* 分布的系数 表 4-11

点数	2	3	4	5	6	7～9
t	6.3	2.9	2.4	2.1	2.0	1.9

⑦ 每次测试应做记录，并提交性能合格或不合格的测试报告。测试报告应包括以下内容：测试机构的名称、地址；测试日期和测试者签名；执行标准的编号及标准实施日期；被测试的洁净室或洁净区的地址、采样点的特定编号及坐标图；被测洁净室或洁净区的空气洁净度等级、被测粒径（或沉降菌、浮游菌）、被测洁净室所处的状态、气流流型和静压差；测量用的仪器的编号和标定证书；测试方法细则及测试中的特殊情况；测试结果包括在全部采样点坐标图上注明所测的粒子浓度（或沉降菌、浮游菌的菌落数）；对异常测试值进行说明及数据处理。

6）室内浮游菌和沉降菌的检测

① 微生物检测的方法有空气悬浮微生物法和沉降微生物法两种，采样后的基片（或平皿）经过恒温箱内 37℃、48h 的培养生成菌落后进行计数。使用的采样器皿和培养液必须进行消毒灭菌处理。采样点可均匀布置或取代表性地域布置。

② 悬浮微生物应采用离心式、狭缝式和针孔式等碰击式采样器，采样时间应根据空气中微生物浓度来决定，采样点数可与测定空气中洁净度测点数相同。各种采样器应按仪器说明书规定的方法使用。

沉降微生物法，应采用直径为 90mm 培养皿，在采样点上沉降 30min 后进行采样，沉降菌最少培养皿数应符合表 4-12 的规定。

沉降菌最少培养皿数 表 4-12

被测区域洁净度级别	每区最少培养皿数，培养皿直径 90mm(ϕ90），以沉降 30min 计
5 级	13
6 级	4
7 级	3

续表

被测区域洁净度级别	每区最少培养皿数，培养皿直径 90mm(φ90)，以沉降 30min 计
8 级	2
8.5 级	2

注：如沉降时间适当延长，则最少培养皿数可以按比例减少，但不得少于含尘浓度的最少测点数。采样时间略低于或高于 30min 时，可进行换算。

③ 用培养皿测定沉降菌，用碰撞式采样器或过滤采样器测定浮游菌，还应遵守以下规定：采样装置采样前的准备及采样后的处理，均应在设有高效过滤器排风的负压实验室进行操作，该实验室的温度应为 (22±2)℃；相对湿度为 50%±10%；采样仪器应消毒灭菌；选择采样器时应审核其精度和效率，并有合格证书；采样装置的排气不应污染洁净室；沉降皿个数及采样点、培养基及培养温度、培养时间应按有关规范的规定执行；浮游菌采样器的采样率宜大于100L/min；碰撞培养基的空气速度应小于 20m/s。

7）室内空气温度和相对湿度的检测：

① 根据温度和相对湿度波动范围，应选择相应的具有足够精度的仪表进行测定。每次测定时间间隔不应大于 30min。

② 室内测点布置：送回风口处，恒温工作区具有代表性的地点（如沿着工艺设备周围布置或等距离布置），没有恒温要求的洁净室中心。测点一般应布置在距外墙表面大于 0.5m，离地面 0.8m 的同一高度上，也可以根据恒温区的大小，分别布置在离地不同高度的几个平面上。

③ 测点数应符合表 4-13 的规定。

温度、湿度测点数 表 4-13

波动范围	室面积不大于 50m²	每增加 20～50m²
温度波动 $\Delta t = (\pm 0.5 \sim \pm 2)℃$	5 个	增加 3～5 个
相对湿度波动 $\Delta RH = \pm 5\% \sim \pm 10\%$		
温度波动 $\Delta t \leqslant \pm 0.5℃$	点距不应大于 2m，点数不应少于 5 个	
相对湿度波动 $\Delta RH \leqslant \pm 5\%$		

④ 有恒温恒湿要求的洁净室，室温波动范围按各测点的各次温度中偏差控制点温度的最大值占测点总数的百分比，整理成累积统计曲线。若90%以上测点偏差值在室温波动范围内，为合格；反之，为不合格。

区域温度以各测点中最低的一次测试温度为基准，按各测点平均温度与超偏差值的点数占测点总数的百分比，整理成累积统计曲线。90%以上测点所达到的偏差为区域温差，应符合设计要求。相对温度波动范围可按室温波动范围的规定执行。

8）室内噪声的检测：

测噪声仪器应采用带倍频程分析的声级计。

测点布置应按洁净室面积均分，每50m² 设一点。测点位于洁净室中心，距地面 1.1～1.5m 高度处或按工艺要求设定。

4.2.2 洁净室电气施工技术

电气设计理念是安全、合理、实用。

手术室是医院洁净施工的主要功能间，电力负荷为一级负荷，其电气施工必须保证科学性、可靠性、安全性及前瞻性。

4.2.2.1 设计要求

（1）强电设计要求

1）设计范围

楼层总电源：一般采用 TN-S 系统，由指定电源引进两路电源到每层配电总箱，总箱进线及双回路自动互投切换器由院方提供（设在中心配电室）。总箱以后的全套电气系统均在设计范围内，包括照明系统、电源插座系统、动力配电、桥架、穿线管、电源线等的采购和安装。

2）设计说明

各手术室电源：每间手术室设一个独立专用配电箱；手术室设置双回路电源切换。

IT 系统：每间手术室均设进口隔离变压器系统一套，ICU、CCU 各设置进口隔离变压器系统。

安全保护与接地：所有手术室均设置等电位接地系统和安全保护接地系统。每间手术室内所有电气设备裸露的金属外壳、所有线管、金属屏蔽层、导电地板的金属网络及水管、各种金属支架等均与 PE 等位体相连（用电设备的不带电金属部分同时还与 PE 保护线连接，互为后备）。在手术部复苏室和麻醉室每张病床床头设备带上均设置一个等电位接地端子；在 ICU、CCU 病房每张病床床头设备带上设置一个等电位端子。

照明系统：所有洁净区域照明采用洁净密封灯盘，非净化区内辅房的照明采用普通照明灯盘。手术室设计平均照度要求不小于 400lx，辅房、走廊最低照度应为 150lx，ICU、CCU 大厅最低照度为 200lx。

ICU、CCU 大厅与其走廊，手术室与其走廊，打包间、发放间与其走廊须设计采用灯盘灯管带应急组件的应急照明系统，应急照明时间不应短于 30min。中心供应室用于物品传递的互锁式传递窗均设置紫外线灭菌灯。所有电线电缆均要求低烟、无卤性能。其他严格按照国家有关规范执行。

（2）弱电设计要求

1）背景音乐、广播系统设计说明

在每间手术室、ICU 病房、CCU 病房、办公用房、家属等候区及走廊内设置嵌入式天花喇叭，并在手术室和 ICU 病房、CCU 病房、办公用房内设置音量开关。

采用定压输送方式。

系统组成：包括 DV 播放机、前置放大器、嵌入式喇叭、音量控制器、广播话筒、定压功放等设备。

在需要群呼广播（如广播找人）时，护士站工作人员可以通过专用麦克对系统内群呼广播。平时，还可利用该系统播放背景音乐。

2）摄像系统设计说明

手术部摄像系统包括全景监控系统和手术教学示教系统两部分。

全景监控系统：每间手术室及家属等候区设全景摄像系统，并将图像引至本层监控室内，主机系统能实现多画面显示，必须同时能看到手术室的图像，该系统还必须具备切换和录像功能。

手术教学示教系统：手术室应预留手术摄像布线，手术摄像机设备由手术灯厂商提供，信号传至示教室。

安保监控系统：ICU/CCU、手术部及中心供应室净化区域出入口、等候区及走廊设监控摄像系统。

3）呼叫对讲系统设计说明

ICU、CCU医用对讲系统要求设计为护理呼叫方式。护理主机分别安装在各监护区域护士站，在每个床位、相应功能房和办公用房均设置一个呼叫点。功能房和办公用房单独设置呼叫设备，可视对讲主机设在家属等候区交谈室。

每间手术室、净化辅房及所有办公辅房均设置一个终端。

4）电视系统设计说明

家属等候区与贵宾室、示教室与休息用餐房间分别设置壁挂式电视。

4.2.2.2 洁净室电气施工技术

（1）洁净室配电及安装

配电电源：通常情况下，洁净室和洁净辅助设施采用二路10kV供电，在只有一路10kV供电时，还会配备一定容量的柴油发电机组做备用电源。低压配电电压常采用220/380V电源，带电导体的形式采用单相二线制、三相三线制和三相四线制。低压配电系统接地形式采用TN-S或TN-C-S系统。

洁净室的低压配电方式：归纳起来，洁净室的低压配线方式大约有四种，见表4-14。

（2）洁净室的配电设备

洁净室的小型动力、照明箱、就地操作箱、电气操作柱、插座箱、插座、终端开关等，均应选择不易积尘、便于擦拭的小型暗装设备。洁净厂房内的大型配电屏、配电箱一般安装在技术夹层、技术夹道或毗邻的洁净度较低或无洁

洁净厂房的低压配线方式 表 4-14

配电方式	适用范围	配电做法	特点	备注
厂房上部配线	ISO 8 级（10 万级）及以下等级的厂房，没有上下技术夹层，而设有吊顶	电缆（桥架敷设）至配电箱，配电箱至用电设备	—	—
		封闭式母线槽＋插接箱（插孔不用时封堵），由插接箱至生产设备（包括生产线）的电控箱。母线槽在生产线上方贯通布置	当生产产品变化、生产设备移位、生产流水线革新时，只需将母线插接箱移位或利用备用插接箱引出电源线缆即可，方便	对洁净度要求不高的电子、通信、电工器件及其整机厂房中广泛采用
洁净室上技术夹层配线	洁净室上部设有上技术夹层或上部吊顶	上技术夹层或上部吊顶内配线至生产设备。当管线交叉时，强电电缆桥架要避让空调风管，其他管线要避让封闭式母线	—	线缆穿过吊顶处必须进行密封处理，防止吊顶内灰尘和细菌等进入洁净室，并维持洁净室的正压
洁净室下技术夹层配线	洁净度要求严格的洁净室	管线、电缆、母线敷设在回风静压室内	线缆输送距离短，洁净室内电气管线少或没有明敷管线，利于提高洁净度	图 4-30 线缆敷设前要进行清洁处理
洁净室上下技术夹层配线	洁净度要求严格的洁净室	—	线缆输送距离短，利于提高洁净度	图 4-31

净度要求的房间内，均不设置在洁净室内。洁净室的电源进线切断装置一般也设在洁净区外。

洁净室内的电气管线宜暗敷，管材采用不燃材料，不采用塑料管。洁净区的电气管线管口及安装于墙上的各种电气设备与墙体接缝处应有可靠的密封措施。

洁净室内的插座、开关等常选用防水密闭型，嵌墙式安装。

进出终端电气的线缆管常采用镀锌钢管，管道穿墙处必须进行密封处理。

（3）洁净室的电气照明及灯具安装

1）洁净室的照明灯具的形式及构造

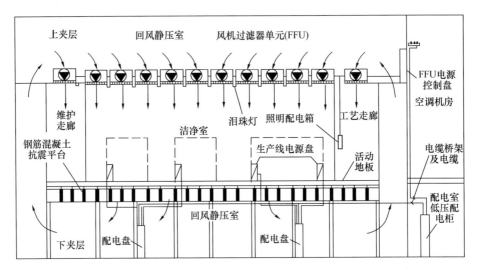

图 4-30　下技术夹层电气配线示意图

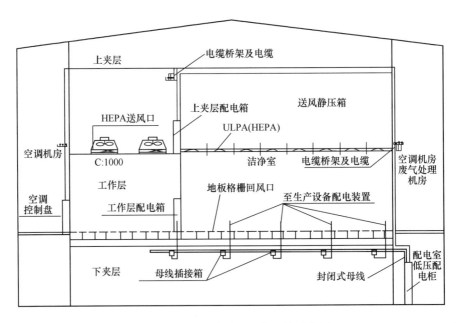

图 4-31　上下技术夹层电气配线示意图

洁净室内的电气照明应重视灯具的选择、安装的气密性，方便维修和安装，并不得对洁净室产生污染，同时设置备用照明和疏散照明。

洁净室的照明灯具应气密性好，在顶棚上安装的构造及密封方法可靠；灯具材料不易产生静电；灯具表面应光滑，外形上凹凸面少，一般采用高效荧光灯。各种洁净度等级的洁净室内常用的灯具形式及做法如表 4-15 所示。

洁净室内常用灯具形式及构造做法 表 4-15

洁净度	照明灯具形式	构造做法	形状（断面图）
ISO 8 级（100000 级）	吸顶型	在有照明灯具安装孔、电源孔等骨架上，全部加垫橡胶垫，以防止来自顶棚的尘埃侵入	
	顶棚嵌入型	将顶棚切口的周边，与照明灯具凸缘之间，灯罩下部透明玻璃支托的凸缘上，全部用橡胶垫封住	
ISO 7 级（10000 级）	吸顶型	在有照明灯具安装孔、电源孔等骨架上，全部加垫橡胶垫，以防止来自顶棚的尘埃侵入	
	顶棚嵌入型	顶棚切口周边与灯具本体之间间隙，在安装时，用填缝材料作现场密封处理。为使透明玻璃罩框架与本体组合密封更可靠，用滚花螺钉拧紧加固	

续表

洁净度	照明灯具形式	构造做法	形状（断面图）
ISO 6 级 （1000 级）	吸顶型	在有照明灯具安装孔、电源孔等骨架上，全部加垫橡胶垫，以防止来自顶棚的尘埃侵入	同 ISO 7 级吸顶型
	顶棚嵌入型	在以上结构的基础上，在各钢板接合点处用填缝材料进行密封，即使加上若干压力，也不能使尘埃由本体（顶棚嵌入处）漏入	同 ISO 7 级顶棚嵌入型
ISO 1～5 级 （1～100 级）	吸顶型	采用泪珠式灯具，安装于高效过滤器铝合金框架下侧	

2）洁净室的照明灯具的安装

洁净室灯具的安装，采用金属壁板顶棚时，一般有上开启式或下开启式。所谓上开启/下开启是指在顶棚上/下更换灯管及检修。无论是何种形式的灯具，对安装缝隙都须进行可靠的密封，以防止顶棚内的非洁净空气漏入洁净室内。

洁净度等级 ISO 1～5 级的洁净室一般采用垂直单向流；顶棚为密布高效过滤器（HEPA）、超高效过滤器（ULPA）或风机过滤单元（FFU）；较多采用泪珠式荧光灯；在高效过滤器专用铝型材框架下侧安装，对所流流型影响较小。泪珠式灯具与高效过滤器在顶棚上的布置示例见图 4-32；泪珠式灯具与高效过滤器安装大样剖面见图 4-33、图 4-34。

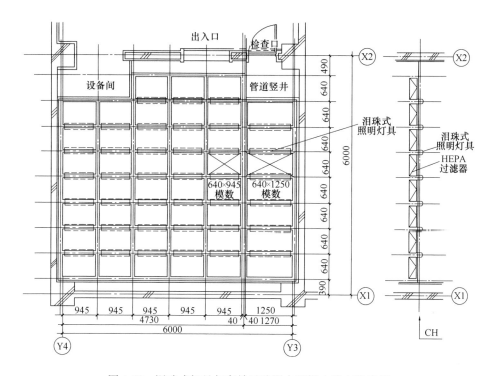

图 4-32　泪珠式灯具与高效过滤器在顶棚上的布置示例

（4）洁净室强电系统安装要求

本处重点介绍手术部及 ICU 重症监护病房的安装要求。

手术部：

1）本系统采用 TN-S 系统结构模式，采用等电位连接及共用接地点的方式，采用双电源专线供电方式。洁净手术室内用电与辅房用电分开，每间手术室内干线必须单独敷设。

2）洁净区照明应采用嵌入式气密洁净照明灯盘，手术室的灯盘必须布置在送风口之外；手术室另配 UPS 供应急照明备用，照明均采用多点控制。清洁走廊、污洗间等非洁净区应采用不锈钢格栅灯盘。

3）每间手术室配电负荷不应小于 8kVA。

4）洁净手术室的总配电柜应设于非洁净区内。供洁净手术室用电的专用

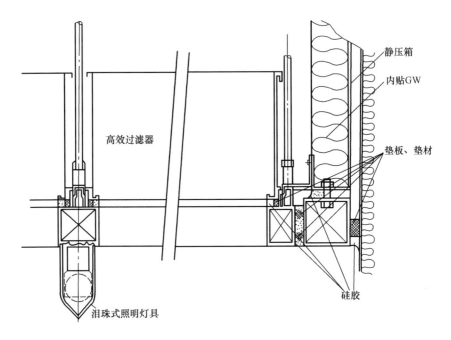

高效过滤器

静压箱

内贴GW

垫板、垫材

硅胶

泪珠式照明灯具

图 4-33　泪珠式灯具与高效过滤器的安装剖面

配电箱不得设置在手术室内，每个洁净手术室应设有一个独立的专用配电箱，配电箱应设在手术室的外廊侧墙内。

5）各洁净手术室的空调设备应能在室内自动或手动控制，多功能控制面板应与手术室内墙面齐平严密，其检修口必须设在手术室之外。

6）洁净手术室内禁止设置无线通信设备，有线电话根据院方要求设置。

7）洁净手术室必须有下列可靠的接地系统：所有洁净手术室均应设置安装保护接地系统和等电位接地系统；所有手术间必须设置一台国产优质隔离变压器；医疗仪器应采用专用接地系统。

8）百级手术室设置 8.0kVA 国产优质隔离电源系统，万级手术室设置 6.3kVA 国产优质隔离电源系统。隔离电源系统需包括隔离变压器 ES710、绝缘监视仪 107TD47、电流互感器、仪器专用电源、外接报警显示和测试单元，应有超温、过负荷、断线及自身故障监控，绝缘阻值监控（绝缘阻值最小 50kΩ 时报警）。该系统隔离变压器应符合 IEC 61558 标准规定；绝缘监视应采用自适应脉冲信号（AMP）测量方法检测，以提高本系统抗干扰能力，精确监视带直流回路的 IT 电网，外接报警显示仪，显示不同故障类型。报警系统应符合 IEC 61557-8 和 IEC 60364-7-710 标准的规定。以上产品需提供 IEC 认证。

ICU 重症监护病房：

1）总配电箱、分配电箱应设于非洁净区。应采用双电源供电，用电应与辅房用电分开。

2）病床供电应设置独立的专用配电箱，每张床设独立的配电开关给吊塔或设备带供电。

3）每张病床配电负荷不应小于 2kVA，每床配电干线必须单独敷设。

4）灯具应为嵌入式洁净密闭型灯带，禁用普通灯盘代替，灯带必须布置在送风口之外。要求色温为 4000～5000K，显色指数 Ra 大于 90，病房的照度均匀度（最低照度值/平均照度值）不宜低于 0.7。病房的设计平均照度为 350lx，其余辅助用房及走廊平均照度应在 200lx 以上，均设置荧光灯具，配备谐波含量小于 10% 的低谐波电子镇流器，同时应克服荧光灯的频闪效应。

5）病房内医疗设备用电插座均为 220V 专用万能插座，插座具有防水、防尘功能。如在地面安装插座，插座应有防水措施。电源插座进线孔采用专用橡胶圈密封；ICU 每张床的床脚下设置 2 个 220V/10A 二、三级插座。

6）病房配电管线应采用金属管敷设，穿过墙和楼板的电线管应加套管，套管内用不燃材料密封。

7）应设置安全保护接地系统和等电位接地系统。

（5）洁净室弱电系统安装要求

本处重点介绍手术部及 ICU 重症监护病房的弱电安装要求。

手术部：

1）手术部设置背景音乐系统，每间手术室、洁净走廊、清洁走廊、功能房等设置背景音乐天花喇叭，各房间单独设置音量控制器（带音量开关及无级控制），手术室、功能房内可单独控制背景音乐音量，背景音乐播放系统由带前置广播功放、DVD 播放机等组成，带前置广播功放、DVD 播放机、十分区矩阵均为国产优质品牌，背景音乐采用低音控制，采用定压输送方式。喇叭可选用国产优质品牌，采用吊顶安装方式，功率为 3W。系统带一个话筒，可实现广播找人功能。系统主机设备设置于手术部护士站。背景音乐播放系统管线的采购、敷设应符合国家电气、消防施工技术规范的要求。

2）手术部护士站、办公室各设一部外线和内线电话，主任、护士长办公室设外线和内线接口与护士站办公室并联，手术室控制箱上设置免提呼叫电话面板，其他功能辅房设置内线电话，所有电话布线采用六类非屏蔽线敷设，布线均引至各层弱电竖井，由甲方引入大楼电话系统。

3）每间手术室、手术部主入口处和预麻室各设置一台半球型彩色 CCD 摄像机，手术部电视监控系统主机设置在护士站；系统由数字硬盘录像机、19 寸液晶监视器等主要设备组成，系统通过硬盘录像机进行集中控制和处理，视频图像通过显示器可实现记录图像的回放、检索等，同时，监控画面可任意切换、任意分割、任意组合排列。

通过数字硬盘录像机可实现长时间图像的存储、调用、备份，并支持网络分控等功能。

百级体外循环间、腔镜手术间、数字化手术间共 3 间设局部景手术摄像，具体与无影灯供应商配合，所有图像均能传送到二楼医护办，并可同时与手术部电视监控系统主机并网，可以存储、调用、备份图像。示教室终端设备（选用国内知名品牌）均由中标方全包。

4）手术部主出入口处设置彩色可视对讲门禁主机，手术部护士站设置可视对讲室内分机。

5）网络信息系统。每间手术室设置六类网络终端接口六个以上和电子病历接口，其中四个设置于墙上，另外每台吊塔设置两个（插座由吊塔预留）。相应功能辅房、护士站、医护办公室，主任、护士长办公室，男女值班室均按使用要求设网络终端。

内、外接口网线均采用六类非屏蔽线，布线均引至各层弱电竖井，由甲方负责引入大楼网络系统。

6）医护办公室、主任办公室、男女值班室均设有线电视接口（有线电视网点布局位置和数量由招标人确定），布线引至各层弱电竖井有线电视层分支器上，分支器由甲方提供。

7）呼叫对讲系统：每间手术室、办公室、主任办公室、护士长办公室均设呼叫对讲分机；手术室内的呼叫分机为免提方式，设置在多功能控制面板上；呼叫主机设置在护士站，系统能实现主机与分机之间的呼叫、主机对分机进行群呼等功能；选用国产优质品牌，其管线的采购、敷设应符合国家电气、消防施工技术规范的要求。

ICU 重症监护病房：

1）呼叫对讲系统

呼叫对讲系统主机设在护士站内，选用国产优质品牌；ICU 每床和部分辅助用房墙上均设有一台呼叫分机；其管线的采购、敷设应符合国家电气、消防施工技术规范的要求。

2）电视监控系统

ICU 区域监控系统由液晶监视器和硬盘录像机构成，每床上方设可视电话，可与外边通话并看到视频图像，主机设置在护士站，所有图像传输到护士站，并可在一台监视器上同时看到多个床位的图像；电视监控系统由硬盘录像机、监视器和摄像机组成，监视器为国产优质品牌；视频线采用 SYV75-5 线缆，其管线的采购、敷设应符合国家电气、消防施工技术规范的要求。

3）电话网络系统

每张床设置六类网络终端（插座）两个，相应的功能房、医护办公室、护士站等应按使用要求设置网络终端。

网络和电话系统均采用六类非屏蔽双绞线传输，穿金属线槽及金属管敷设，所有布线预留至弱电竖井。

护士站、办公室各设一部外线电话和内线电话，主任、护士长办公室设外线和内线接口与护士站办公室并联。相应的功能房、护士站、医护办公室、主任办公室、护士长办公室、男女值班室均设网络接口。预留电子病历接口。

其管线的采购、敷设应符合国家电气、消防施工技术规范的要求。

4）家属等候区设扬声器与电子显示屏，与手术室护士站和ICU护士站相通并能通话。

5）门禁系统：在ICU病人入口及医护缓冲入口处设置彩色可视对讲门禁系统，ICU护士站设置可视对讲室内分机，医护人员可通过可视对讲主机与护士站联系，经同意后由护士站开门进入。

4.2.3 配电系统施工技术

医院工程供电要求高、供电负荷复杂，重要的负荷非常多。供电安全性要求比较高，供电负荷等级见表4-16。

医院供电负荷等级　　　　　　　　　　　　　　表 4-16

负荷等级	用户设备（或场所）名称	负荷所属用户
一级负荷	急诊部、监护病房、手术部、分娩室、婴儿室、血液病房的净化室、血液透析室、病理切片分析、磁共振、介入治疗用CT及X光机扫描室、血库、高压氧仓、加速器机房、治疗室及配血室的电力照明，培养箱、冰箱、恒温箱的电源，走道照明、百级洁净度手术室空调系统电源、重症呼吸道感染区的通风系统电源	县级及以上医院
二级负荷	除上栏外的其他手术室空调系统电源，电子显微镜、一般诊断用CT及X光机电源，高级病房、肢体伤残康复病房照明，客梯电力	

一个现代化医院如何更好、更人性化、更便捷、更安全地为人民服务，完善的供配电系统显得至关重要。医院供配电工程中的安全保护系统的设计与施工、应急电源系统的设计与施工、医院照明系统的设计与施工特点非常鲜明。本节主要阐述了应急供电施工技术、照明系统施工技术、安全保护系统施工技术等关键技术。

4.2.3.1 应急供电系统施工技术

（1）应急电源的类别（表4-17）

应急电源的分类 表 4-17

0 级（不间断）	不间断自动供电
0.15 级（极短时间间隔）	0.15s 之内自动恢复有效供电
0.5 级（短时间间隔）	0.5s 之内自动恢复有效供电
15 级（中等时间间隔）	15s 之内自动恢复有效供电
大于 15 级（长时间间隔）	大于 15s 后自动恢复有效供电

（2）医院应急电源常见配置

1）电源要求

市政电力变配电所提供两个独立 10kV 级电源同时供电，当其中一路电源发生故障时，另一路电源不至于同时受到损坏，确保一级负荷及二级负荷的需求，市政提供的两路 10kV 电缆采用埋地方式引入。

2）特别重要负荷应急电源设置要求

为保证一级负荷中的特别重要负荷（手术室、儿科产房用电及其他对供电可靠性要求高的医疗设备）供电的可靠性，医院工程设应急柴油发电机组一台。当 10kV 电源或变压器发生故障时，发电机会在 0.5s 内完成自启动并向重要负荷供电。

1 类和 2 类医疗场所内，任一导体上的电压下降值高于标准电压的 10％时，应急电源应自动启动。

手术室照明和重要的医疗设备工作应采用的专用安全电源恢复供给时间不得大于 0.5s。

3）其他重要场所应急电源设置要求

对重要场所的照明以及走道公灯，另加应急电源系统（EPS），以确保供电的可靠性。EPS 转换时间小于 0.1s，供电时间大于 30min。

应急照明与逃生指示系统：应急指示灯及疏散指示灯应设玻璃或其他非燃烧材料制作的保护罩，在现场可手动控制，火灾时由消防控制室强制点亮；手术室、ICU 及 NICU、急诊急救室、分娩室、婴儿室、血库、治疗室、配血室、病理切片分析室等设置备用照明，停电时确保正常工作的继续进行；当照明电源缺失时，应急照明系统自动启动。

4.2.3.2 照明系统施工技术

（1）设计一般要求

医疗建筑的照明设计执行国家相关规范，满足绿色照明要求，照度推荐值见表4-18。医疗建筑的医疗用房应采用高显色照明灯具，显色指数不小于80，宜采用带电子镇流器的T8、T5三基色荧光灯。医疗建筑的照明系统采用荧光灯时应对系统的谐波进行校验，满足国家相关标准要求，光源色温要求见表4-19。

照度推荐值　　　　　　　　　　　　　　　　　　　表 4-18

房间名称	推荐照度（lx）
病房	50
候诊室、病人活动室、放射科诊断室、核医学科、理疗室、监护病房	150
诊查室、检验科、病理科、配方室、医生办公室、护士室、值班室、CT诊断室、放射科治疗室	200
手术室	500
夜间守护照明	5

光源色温要求　　　　　　　　　　　　　　　　　　表 4-19

房间名称	推荐色温（K）
病房、病人活动室、理疗室、监护病房、餐厅	≤3300
诊查室、候诊室、检验科、病理科、配方室、医生办公室、护士室、值班室、放射科诊断室、核医学科、CT诊断室、放射科治疗室、手术室、设备机房	3300～5300

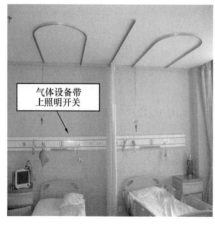

气体设备带上照明开关

图 4-34　气体设备带上照明开关实例

（2）灯具选型及施工技术

病房照明宜采用间接型灯具或反射式照明。床头宜设置局部照明，一床一灯，床头控制。图4-34为气体设备带上照明开关实例，图4-35为漫反射灯具实例，图4-36为病房灯具安装实例。护理单元走道、诊室、治疗室、观察室、病房等处灯具，应避免对卧床患者产生眩光，宜采用漫反射灯具，图4-37为走道等场所配漫反射灯（靠边布置）。护理单元走道和病房应设夜间照明，床头部位照度不应大于 0.1lx，儿科病房不应大于 1lx，图 4-38 为地脚灯用于夜间照明，图 4-39 为病房地脚灯实例。X 线诊断室、加速器治疗室、核医学科扫描室和 γ 线照相机室、手术室等用房，应设防止误入的红色信号灯（图 4-40），其电源应与机组连通。手术室灯具选型及安装见洁净室施工关键技术。

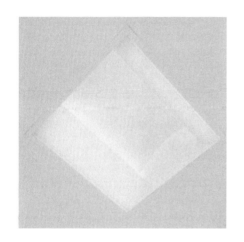

图 4-35　漫反射灯具实例

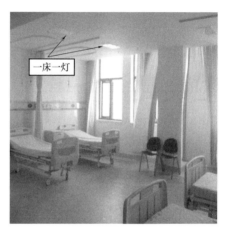

图 4-36　病房灯具安装实例

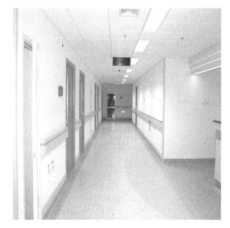

图 4-37　走道等场所配漫反射灯（靠边布置）

图 4-38　地脚灯用于夜间照明

图 4-39　病房地脚灯实例　　　　　图 4-40　X 线诊断室红色信号灯

（3）医院灯具常用安装方法示例

医院灯具常见安装方法有吸顶式、嵌入式、链吊式、壁装式等，安装方法相对简单，走道内格栅灯具的固定采用∠40×4mm 角钢，做龙门支架进行固定，如图 4-41 所示。房间内 600mm×600mm 格栅灯具采用雨伞型螺栓和钢丝进行固定，如图 4-42 所示。

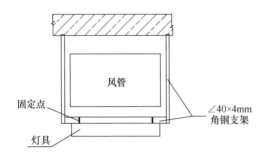

图 4-41　走道灯具固定示意图

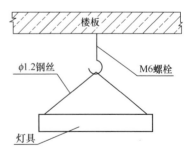

图 4-42　格栅灯具的固定示意图

4.2.3.3　安全保护系统施工技术

（1）设计要求

医院电气设备工作场所分为：0 类医疗场所、1 类医疗场所、2 类医疗场所。

0类医疗场所：无需与患者身体接触的电气装置工作场所。

1类医疗场所：需要与患者体表、体内（2类医疗场所所述环境）接触的电气装置工作场所。

2类医疗场所：需要与患者体内（主要指心脏或接近心脏部位）接触以及电源中断危及患者生命的电气装置工作场所。

医疗安全设施等级与类别的分配示例见表4-20。

医疗安全设施等级与类别的分配示例　　　　表4-20

医疗场所以及设备	类别			自动恢复供电时间		
	0	1	2	≤0.5s	>0.5s 且≤15s	>15s
门诊室、门诊检验	X					
门诊治疗		X				
急诊室、急诊检验	X				X	
抢救室（门诊手术室）			X[d]	X[a]	X	
急诊观察室、处置室		X			X	
手术室			X	X[a]	X	
术前准备室、术后复苏室、麻醉室		X		X[a]	X	
护士站、麻醉师办公室、石膏室、冰冻切片室、敷料制作室、消毒敷料	X				X	
病房		X				
血液病房的净化室、产房、早产儿室、烧伤病房		X		X[a]	X	
婴儿室		X			X	
心脏监护治疗室			X	X[a]	X	
监护治疗室（心脏以外）		X		X[a]	X	
血液透析室		X		X[a]	X	
心电图、脑电图、子宫电图室		X			X	
内窥镜		X[b]			X[b]	
泌尿科		X[b]			X[b]	
放射诊断治疗室		X			X	
导管介入室			X[d]	X[a]	X	

医疗场所以及设备	类别			自动恢复供电时间		
	0	1	2	≤0.5s	>0.5s 且≤15s	>15s
血管造影检查室			X^d	X^a	X	
磁共振室		X			X	
物理治疗室		X				X
水疗室		X				X
大型生化仪器	X			X		
一般仪器	X				X	
扫描间、γ相机、服药、注射		X			X^a	
试剂培制室、储源室、分装室、功能测试室、实验室、计量室	X				X	
贮血	X				X	
配血、发血	X					X
取材、制片、镜检	X				X	
病理解剖	X					X
贵重药品冷库	X					X^c
医用气体供应系统	X				X	
消防电梯、排烟系统、中央监控系统、火灾警报系统及灭火系统	X				X	
中心（消毒）供应室、空气净化机组	X					X
太平柜、焚烧炉、锅炉房	X					X^c

a 照明及生命支持电气设备；
b 不作为手术室；
c 恢复供电时间可在 15s 以上，但需要持续 3~24h 提供电力；
d 患者 2.5m 范围内的电气设备。

手术室、ICU 配电保护系统关键技术：总防护一般采用 TN-S 系统。每间手术室设一个独立专用配电箱。手术室设置双回路电源切换。手术室设 IT 系统，每间手术室设进口隔离变压器系统一套，ICU、CCU 各设置进口隔离变压器系统。手术室及 ICU 配电系统图如图 4-43 所示，ICU、CCU 配电系统示意如图 4-44 所示。

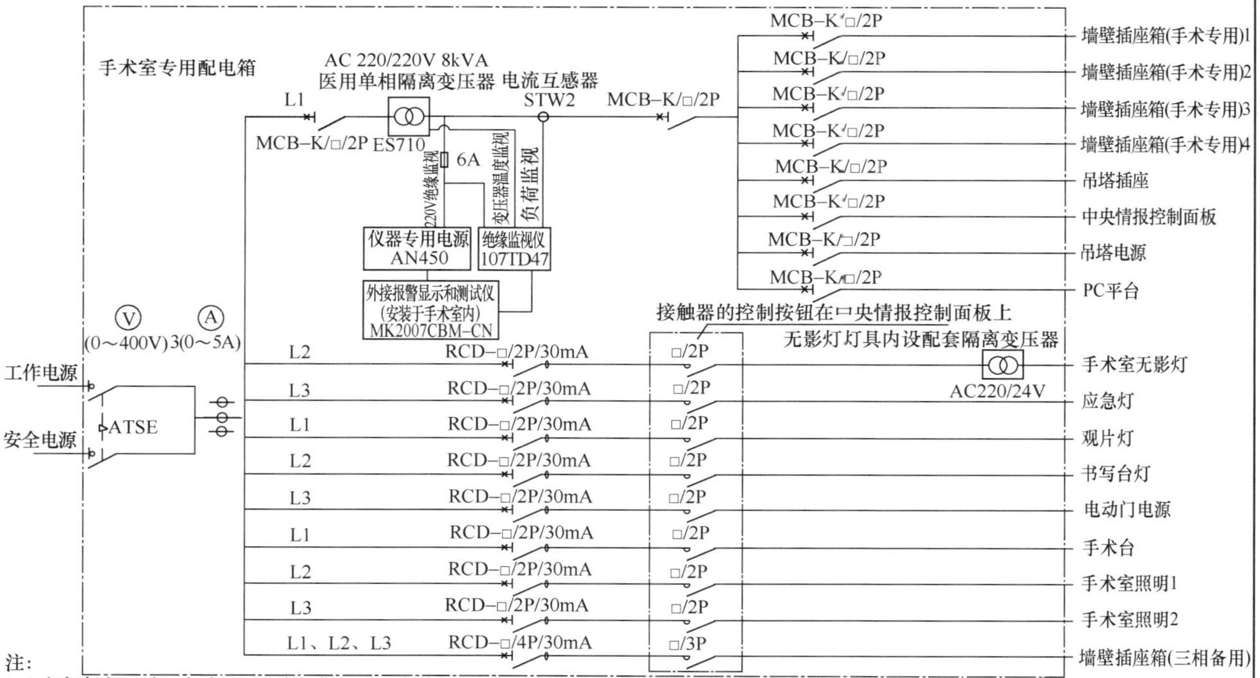

图4-43 手术室及ICU配电系统图

		手术室配电方案			图集号	08SD706-2
审核	汪隽		校对	熊工	页	9
			设计	刘兴顺		

注:
1. 本方案为重要回路采用IT系统与非重要回路采用TN-S系统的基本组合方式。重要回路采用IT系统可实现系统绝缘监视、负荷监视和隔离变压器温度监视等功能。非重要回路采用剩余电流保护开关的TN-S系统,可实现剩余电流达到30mA时,开关动作。
2. MCB-K型断路器只带短路保护,不带过负荷保护。
3. 手术室IT系统用插座箱应有明显标志,其插座口为万用型。
4. 监控回路接线采用截面积1mm²的多股铜芯软线。
5. TN-S系统的N线,根据设计要求选择是否设置隔离保护。

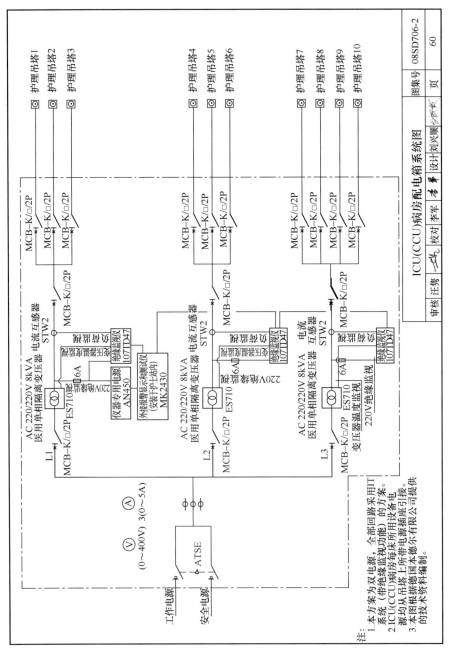

图 4-44　ICU、CCU 配电系统示意

注:
1. 本方案为双电源，全部回路采用IT系统（带绝缘监视功能）的方案。
2. ICU(CCU)病房每床所用电源均从吊塔上所带电源插座引接。
3. 本图根据德国本德尔有限公司提供的技术资料编制。

154

等电位接地关键技术：所有手术室均设置等电位接地系统和安全保护接地系统。每间手术室内所有电气设备裸露的金属外壳、所有线管、金属屏蔽层、导电地板的金属网络及水管、各种金属支架等均与 PE 等位体相连（用电设备的不带电金属部分同时还与 PE 保护线连接，互为后备）。手术部复苏室和麻醉室在每张病床床头设备带上设置一个等电位接地端子；在 ICU、CCU 病房每张病床床头设备带上设置一个等电位端子。手术室等电位接地示意见图 4-45，IT 系统场所接地与等电位联结方案图见图 4-46。

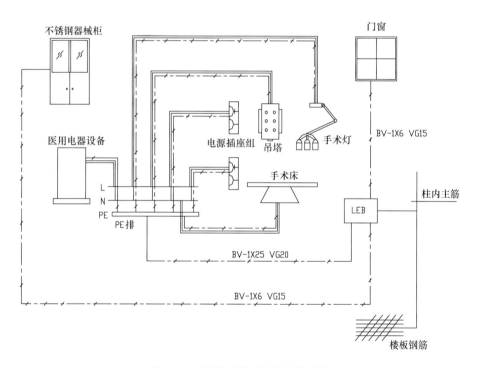

图 4-45　手术室等电位接地示意图

为使"患者环境"内的下列装置达到等电位，在医用 1 类、2 类医疗场所的"患者环境"内应设置局部等电位联结母排，等电位连线将下列装置与等电位母排联结：保护线→外部导电部分→电磁干扰隔离板→与导电板的联结部分→隔离变压器的金属外壳。

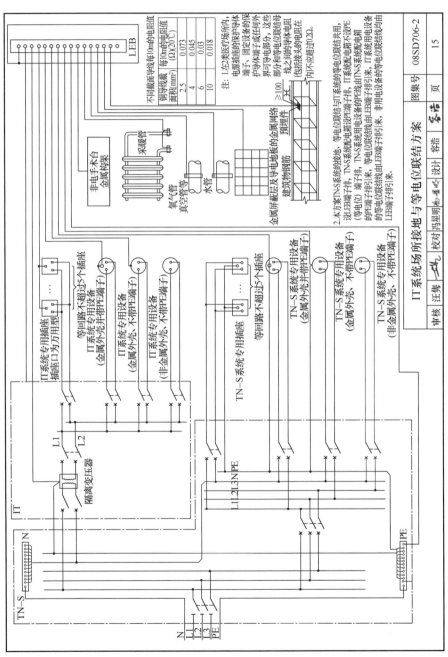

图 4-46　IT 系统场所接地与等电位联结方案图

在 2 类医疗场所内，电源插座的保护线与安装设备、外露导电部分和等电位母排之间的导体电阻（包括连接部分的电阻）不应超过 0.2Ω。

（2）医院 2 类医疗场所医用 IT 系统施工关键技术

医院 IT 系统设置场所及原理：2 类医疗场所在维持患者生命、外科手术和其他位于患者周围的电气装置均应采用医用 IT 系统。每个功能房间至少安装一个医用 IT 系统，医用 IT 系统原理图见图 4-47。

医用 IT 系统绝缘监视器要求：医用 IT 系统必须配置绝缘监视器；交流

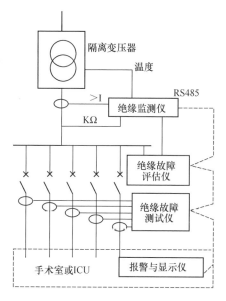

图 4-47　医用 IT 系统原理图

内阻大于等于 100kΩ；测量电压不超过直流 25V；测试电流在故障条件下峰值不应大于 1mA；电阻减少到 50kΩ 时能够显示，并备有试验设施。每个医疗 IT 系统具有显示工作状态的信号灯。声光警报装置应安装在便于永久性监视的场所。

医用 IT 系统隔离变压器要求：医用 IT 系统通常采用单相变压器，其额定容量不应低于 0.5kVA，且不超过 10kVA。隔离变压器应尽量靠近医疗场所，并采取措施防止人们无意的接触。隔离变压器二次侧的额定电压不应超过 250V。当隔离变压器处于额定电压和额定频率下空载运行时，流向外壳或大地的漏电流不应超过 0.5mA。

医用 IT 系统其他要求：2 类医疗场所内，配电系统应设置过流保护。隔离变压器的一次侧与二次侧禁止使用过载保护。二次侧应设置双级断路器。IT 系统的每组插座回路，应独立设置过流保护，宜独立设置过载报警。医院内电气装置与医疗气体释放口的安装距离不得小于 0.2m。

手术室配电解决方案医用 IT 系统实例：方案配置见图 4-48 和表 4-21。

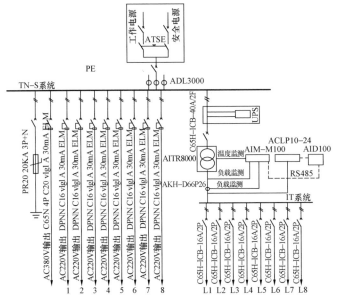

图 4-48　方案配置表

医用 IT 系统实例　　　　　　　　　　　　　　　表 **4-21**

配置	规格	
	GGF-06.3	GGF-08
隔离变压器	AITR6300	AITR8000
绝缘监测仪	AIM-M100	IT 系统
直流稳压电源	ACLP10-24	
电流互感器	AKH-0.66P26	
带短路保护断路器	C65H-ICB-16A/2P	
报警与显示仪	AID100（安装于情报面板上）	
馈电回路	8 路 AC 220V	
	1 路 AC380V、8 路 AC 220V	TN 系统
浪涌保护器	PR20 20KA 3P＋N	
多功能仪表	ADL3000	

配置	规格	
	GGF-06.3	GGF-08
剩余电流动作保护器	动作电流≤30mA（A型）	
不间断电源	可选配置，也可外置	
双电源切换装置	可选配置	

医用隔离电源柜（图4-49）是针对医疗2类场所的供电需求而设计的具有局部IT系统的配电柜，IT系统装设绝缘监测装置来监测系统的绝缘状况，各输出回路采用了具有短路保护功能的断路器；其他系统输出回路则采用了具有漏电保护功能的断路器。产品根据使用场所的不同分为GGF-O系列手术室用隔离电源柜和GGF-I系列ICU/CCU等病房用隔离电源柜两大类，能够很好地满足各类手术室和重症监护室对电源安全性和可靠性的要求。医用隔离电源柜技术参数见表4-22，产品外形尺寸见图4-50。

图4-49 医用隔离电源柜

技术参数 表 4-22

类型	GGF-Ⅰ	GGF-O
额定电压	AC 220V	AC 380V/220V
额定容量	6.3kVA/8kVA	
额定电流	63/80A	
额定频率	50/60Hz	
配电回路	IT 系统：4 路、8 路 AC 220V（可根据实际需求定制）	IT 系统：8 路 AC 220V
		TN-S 系统：1 路 AC 380V，8 路 AC 220V
防护等级	IP31	
安装方式	落地安装	
进出线方式	底部进线，底部出线	
通信方式	RS485 接口，Modbus-RTU 协议	

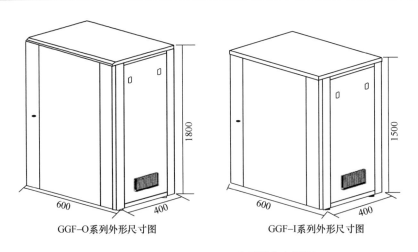

GGF-O系列外形尺寸图　　　　GGF-Ⅰ系列外形尺寸图

图 4-50　GGF-O、GGF-Ⅰ系列隔离电源柜

AITR 系列隔离变压器（图 4-51）专门用于医疗 IT 系统，产品铁芯采用日本进口的硅钢片叠加而成，损耗很小。绕组与绕组之间采用了双重绝缘处理，并设计了静电屏蔽屏，最大限度地减少了两绕组之间的电磁干扰。绕组内安装了 PT100 温度传感器，可用于监测绕组温度。变压器整体采用真空浸漆

处理，增加了机械强度并具有抗腐蚀作用。另外，产品还采用了低温升和低噪声设计，使其具有很好的温升性能和很低的噪声。AITR 系列隔离变压器性能参数见表 4-23。外形尺寸见表 4-24 和图 4-52。

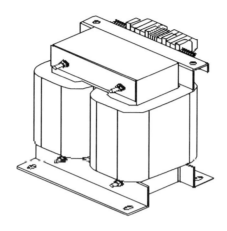

图 4-51 AITR 系列隔离变压器

AITR 系列隔离变压器性能参数   表 4-23

额定容量	6.3kVA/8kVA
频率	50/60Hz
额定输入电压	230V
输出电压	230V/115V
冲击电流（I_r）	＜12In
泄漏电流	＜180μA
空载输出电压（U_0）	＜235V
空载输出电流（I_0）	＜3％ In
短路电压	＜3％ Un
效率	＞96％
最高环境温度	＜40℃
空载温升	＜33℃
满负荷温升	＜76℃
耐压	4200V/min
绝缘等级	H
噪声等级	＜35dB（A）

外形尺寸及选型表　　　　　　　　　　　　表 4-24

型号	容量（VA）	外形尺寸（mm）						总质量（kg）
		A	B	C	D	E	F	
AITR8000	8000	280	270	370	240	190	11×18	75
AITR6300	6300	280	250	370	241	175	11×18	66

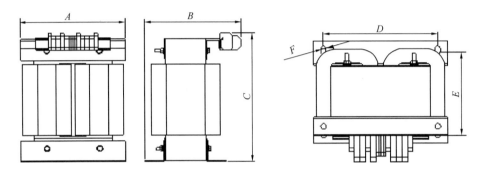

图 4-52　隔离变压器外形尺寸

　　AIM-M100 绝缘监测仪（图 4-53）是一款高性能的绝缘监测装置，专用于医疗 IT 系统中，用于监测 IT 系统对地的绝缘状态，当系统出现绝缘故障时，能够及时发出报警信号，提醒工作人员根据实际情况进行处理。产品具有丰富的显示与报警指示功能，界面友好，操作方便。

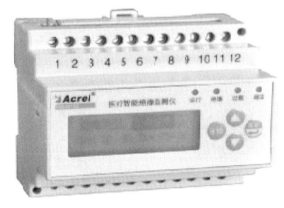

图 4-53　AIM-M100 绝缘监测仪

产品功能：具有对被监测 IT 系统对地绝缘电阻、变压器负荷电流、变压器绕组温度实时监测与故障报警功能；能实时监测与被测系统连线断线故障、温度传感器断线故障以及功能接地线断线故障，并在故障发生时给出报警指示；具有继电器报警输出、LED 报警指示等多种故障指示功能；采用先进的现场总线通信技术，能与外接报警和显示仪、上位机管理软件通信，可以实时监控 IT 系统的运行状况；具有事件记录功能，能够记录报警发生的时间和故障类型，方便操作人员分析系统运行状况，及时消除故障。其技术参数见表 4-25，外形及安装尺寸见图 4-54。

AIM-M100 绝缘监测仪技术参数　　　　　　　　　表 4-25

辅助电源	电压	AC 220V（可波动范围±10％）	温度监测	热敏电阻	PT100
	频率	50/60Hz		测量范围	−50～200℃
	最大功率	＜5VA		报警值范围	0～200℃
绝缘监测	绝缘电阻测量范围	10～999kΩ	报警输出	输出方式	2 路继电器输出（可编程）
	相对百分比误差	0～±10％		触点容量	AC 250V/3A DC 30V/3A
	报警值范围	50～999kΩ	环境	工作温度	−10～50℃
	响应时间	＜2s		存储温度	−20～70℃
	测量电压	＜12V		相对湿度	5％～95％，不结露
	测量电流	＜50μA		海拔高度	≤2500m
负载电流	测量范围	0～50A		通信	RS485 接口，Modbus-RTU 协议（两路）
	报警值范围	5～50A		额定冲击电压/污染等级	4kV/3
	测量精度	1 级		EMC 电磁兼容和电磁辐射	符合 IEC61326-2-4

AID100 报警与显示仪（图 4-55）是一款基于 MODBUS 协议的远程显示和声光报警装置。能够显示监测数据，并在故障时发出声光报警信号。该装置可安装于手术室或重症监护室内的情报面板上以便于医院人员了解隔离电源系统的运行状况以及系统出现故障时的故障类型。

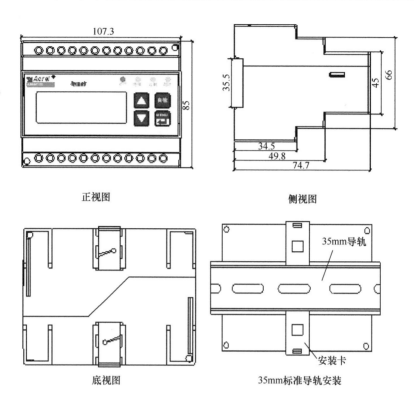

图 4-54   AIM-M100 绝缘监测仪外形及安装尺寸

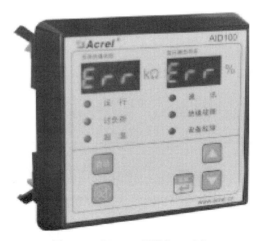

图 4-55   AID100 报警与显示仪

产品功能：具有绝缘电阻、变压负荷率实时显示功能；可远程设置绝缘监测仪的报警阈值；采用现场总线通信技术，可实时获取绝缘监测仪的监测数据和报警信息；故障时可以声光报警，按下消音键后，声音关闭，相应的故障指示灯不会熄灭，直到故障解除为止。技术参数见表 4-26，外形及安装尺寸见图 4-56。

AID100 报警与显示仪技术参数　　　　　　　　　表 4-26

辅助电源	电压	DC 24V
	功耗	＜1W
绝缘电阻显示范围		0～999kΩ
绝缘报警范围		50～999kΩ
变压器负载率显示		百分比显示
负载电流报警设置		14A、18A、22A、28A、35A、45A
温度报警设置范围		0～+200℃
报警方式		声光报警
报警类型		绝缘故障、过负荷、超温、设备故障
通信方式		RS485 接口 MODBUS-RTU 协议
显示方式		数码管显示

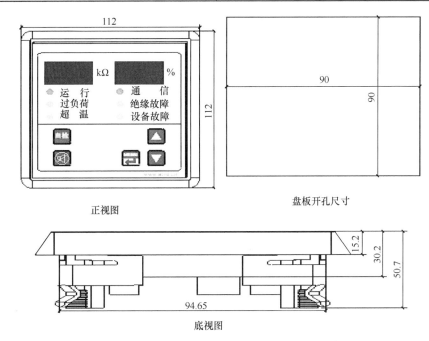

正视图　　　　　　　　　　　　盘板开孔尺寸

底视图

图 4-56　AID100 报警与显示仪外形及安装尺寸

165

ACLP10-24 直流稳压电源是仪表专用的直流稳压模块（图 4-57），采用完全隔离的线性变压器，具有输出电压稳定、纹波小、耐压等级高等特点，并带有电源上电指示功能。模块采用标准导轨安装的方式，可以和绝缘监测仪安装在同一导轨上，安装方便。直流稳压电源技术参数见表 4-27，外形及安装尺寸见图 4-58。

图 4-57　ACLP10-24 直流稳压电源

直流稳压电源技术参数　　　　　　　　　　表 4-27

输入电压	AC 220V（可波动范围±10％）
频率	50/60Hz
容量	10W
输出电压	DC 24V±1％
电压调整率	≤30％
温升	≤20℃
抗电强度	4000V AC/min

AKH-0.66P26 保护型电流互感器是与 AIM-M100 绝缘监测仪配套使用的保护型电流互感器，最大可测电流为 50A，变比是 2000：1，电流互感器采用螺钉直接固定的方式装于机柜内部，二次侧通过接线柱引出，安装和使用方

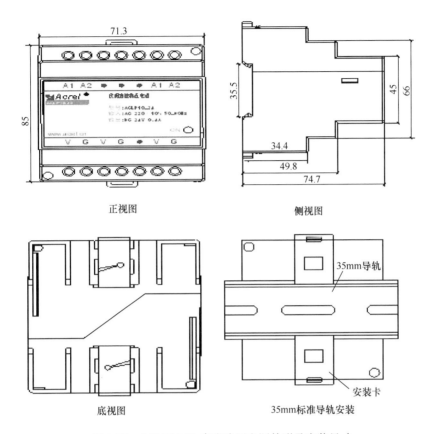

图 4-58 ACLP10-24 直流稳压电源外形及安装尺寸

便。保护型电流互感器技术参数见表 4-28，外形尺寸见图 4-59。

保护型电流互感器技术参数   表 4-28

输入电流	0.5mA～50A	使用频率范围	0.02～10kHz
输出电流	0.025～25mA	负载电阻	<200Ω
温度系数	100ppm/℃	瞬间电流 1s	200A
相移	10′	安装固定	十字槽盘头 4×10 螺钉固定
工作温度	−35～70℃	二次侧接线	单芯线>0.75mm² 最长 1m
储存温度	−40～75℃		单芯双绞线 0.75mm² 最长 10m
副边内阻范围	95～120Ω	隔离耐压	5000Vac
精度	0.5%	线性度	0.5%

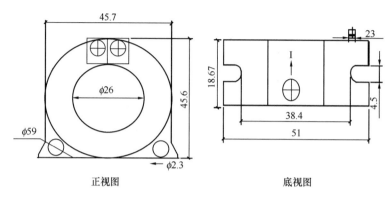

正视图　　　　　　　　　　底视图

图 4-59　保护型电流互感器外形尺寸

4.3　外墙保温装饰一体化板粘贴施工技术

4.3.1　概述

外墙保温装饰一体化板施工技术，采用专用粘结砂浆，直接把外墙保温装饰一体化板粘贴在外墙表面上，然后再用锚固件与墙体牢固结合形成双重固定，板块与板块之间采用耐候硅酮密封胶进行密封处理。

外墙保温装饰一体化板一般由 EPS/XPS/聚氨酯等保温层、无机树脂板、强力复合胶、饰面层组成，饰面层可根据不同装修效果要求分为金属漆饰面、仿石材饰面、石材饰面等，背面自粘挤塑保温材料的复合板材，集保温隔热、防水防潮、轻质抗震、防火阻燃和高档装饰于一身。通过胶粘剂和固定用螺栓将外墙保温装饰一体化板固定在需要装饰的外墙立面上，兼有保温和装饰的功能。经过河南省三门峡市中心医院新住院大楼的外墙装修实际应用，形成此技术。

外墙保温装饰一体化板粘贴施工技术适用于新建、改扩建工程的外墙保温及装修施工。

该技术特点有：可以根据建筑立面分格，随意进行切割加工，方便工程施工。采用工厂化作业后，施工的大部分工作都在工厂完成，因而工程质量容易得到保证。用作外墙装修，简化施工工序，缩短工期，降低成本。无须安装龙骨，通过粘结、锚固完成外墙保温装饰一体化板材安装，彰显高档质感。外墙保温装饰一体化板板面颜色较多，色彩稳定，可以满足不同客户的要求，且解决了外墙涂料墙面易开裂、易褪色的问题。保温板按照 65% 的建筑节能要求进行热工设计，采用高强度、闭孔细胞结构的挤塑聚苯乙烯泡沫塑料板，导热系数为 0.027W/(m·K)，导热性低而稳定，具有极佳的保温隔热效能。

4.3.2 施工要点

4.3.2.1 施工流程

外墙保温装饰一体化板施工工艺流程见图 4-60。

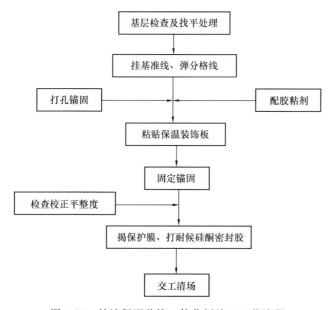

图 4-60 外墙保温装饰一体化板施工工艺流程

4.3.2.2 施工操作要点

彻底清除基层浮灰、油污、空鼓等影响粘结强度的墙面，剪力墙面应进行界面处理，用粗砂纸打磨或喷水泥浆内掺 108 胶，厚度控制在 5mm 之内，否

169

则影响粘结质量。墙面上的孔洞要堵塞密实。当找平抹灰厚度大于 30mm 时，必须挂钢板网实施增强处理。

根据外立面分格设计要求，确定各立面准确尺寸，挂水平线及垂直线，画出分格线，沿墙体上端逐排自上向下施工，单块尺寸误差不大于 1.0mm，总长、宽度误差不大于 2mm。设计立面分格时，每隔一层或两层设置一条宽 20mm 的伸缩缝，便于调节板缝。

粘结材料采用专用双组分胶粘剂与胶粘砂浆干粉料按 1∶5（重量比）比例混合搅拌均匀，粘结砂浆应现配现用，2h 内用完。由于运输及贮存的原因，桶内配料如出现分层现象，在配料前应采用手提式电动搅拌器进行搅拌，禁止人工搅拌。

界面剂配制：界面剂与 42.5R 硅酸盐水泥按 1∶1 混合均匀成浆状，直接涂刷于挤塑板表面即可。

外墙保温装饰一体化板每块板四周磨出 5mm 宽、3mm 深的凹槽，便于固定件安装和打胶。把需要粘贴的外墙保温装饰一体化板背面事先涂刷界面剂。在每块板内，用刮刀在四周均匀抹上调好的粘结砂浆带，带宽不小于 50mm，并在四面粘结砂浆带中间留出 50mm 宽排气口，中间抹粘结砂浆饼，粘结砂浆总面积不小于 60％板块面积；厚度视墙面平整度要求而定，一般为 20mm 左右。施工现场开槽使用木工加工模板用平台电锯，锯片采用双片，高出平台 3mm 即可。

在同一立面的两边挂水平线和垂直线并固定好后开始粘贴，每块板下部用两个装饰托架固定，托架用膨胀螺栓固定，托架的水平间距为 200mm，竖向间距为两块板的高度，整面墙体沿着建筑顶层水平方向同时向上施工（或者同时向下），并按照规定预留出横竖分格缝以便调整。

根据立面分格线，将抹好胶粘剂的一体化板粘贴在墙面上，用 2m 靠尺将板的上下左右压实，水平、垂直误差均控制在 4.0mm 以内，然后用十字形膨胀螺栓临时固定四块板的交接处。

固定锚固件时，膨胀螺栓带动锚固件受力，待粘结砂浆凝固后将四块板交界处的十字形锚栓调整进入凹槽内永久固定，同时在板四面打入一字形锚栓。锚栓不得高于板边。一字形锚栓数量：建筑高度在 50m 以下每平方米不少于 8 个，50m 以上每平方米不少于 10 个，每米接缝不得少于 2 个，每边不得少于 1 个。锚栓不可无限制地拧紧，否则会破坏成品板。

有误差需要调整时，应即装即调，轻柔移动，用手或者橡皮锤上下左右均匀拍打敲击板面，禁止将已粘贴的板块向外拉拔。

待胶粘剂固化后，揭开保护膜进行打胶。根据板缝设计分格用美纹纸将板缝两边贴成垂直或平行的等宽缝然后打胶，用胶枪将耐候硅酮密封胶压实、压光，形成均匀的线条状 U 形槽，密封要严实、横平竖直。如果垫片有翘起的现象，在打胶时美纹纸要加厚用两层或者三层，这样垫片不影响打胶效果。如果在加工时槽内有不平整的现象，要用清槽工具将凸起部位清理干净，以便打胶施工。

与屋面挑檐、门窗接触部位异形板块现场裁切磨出凹槽进行粘贴，再用硅酮密封胶密封。外窗台排水坡内侧应高出附框外侧 10mm 左右，并设置 2% 排水坡度，外墙保温装饰一体化板表面应低于窗框的排水眼。外墙保温装饰一体化板与墙面勒脚处、散水连接处打密封胶密封。

工程施工完毕后，经相关部门验收合格，清理施工现场。

4.3.2.3 材料与设备

外墙保温装饰一体化板施工主要材料见表 4-29。主要工具为：卷尺、水平管、墨斗、钢丝线、切割机、壁纸刀、粗砂纸、电箱及接线板、电动搅拌器、密封胶枪、水桶、抹子、阴阳角捊子、托灰板、2m 靠尺、冲击钻、常用运输工具等。

外墙保温装饰一体板施工主要材料 表 4-29

序号	材料名称	材质	备注
1	外墙保温装饰一体化板	无机外墙板、挤塑聚苯板、氟碳喷漆	外墙板厚度 6mm(±0.1mm)、挤塑板厚度 30mm（密度为 25～32kg/m³)，面层颜色根据甲方要求

序号	材料名称	材质	备注
2	胶粘剂	专用双组分胶粘剂	
3	耐候硅酮密封胶	较好的粘结性能、耐气候老化性能以及耐紫外线性能，依靠空气中的水分固化成优异、耐用、高弹性的硅酮橡胶	

4.4 双管法高压旋喷桩加固抗软弱层位移施工技术

4.4.1 概述

4.4.1.1 概念

近年来，随着科学技术不断发展，建筑行业发展较为迅速，寻求高效而环保的施工工艺已成为建筑行业追寻的方向，减少施工过程对周围环境的影响，达到高效低耗、节能环保的目标。支护桩的规范允许位移会影响周围土体的移动，土体移动后会对周围建筑物产生不可预估的影响。因此，转化医学国家重大科技基础设施（四川）项目，在生物治疗转化医学大楼基坑支柱桩施工之前，对支护桩与建筑物之间软弱土体采用双管法高压旋喷桩施工技术进行加固处理。支护桩与建筑物之间的土体强度得到进一步提高，避免出现软弱土层由于支护桩的位移而出现变形，确保了周边建筑物的安全，达到了缩短工期、加快工程进度、降低成本、保护环境的目标。总结出了双管法高压旋喷桩加固抗软弱层位移施工技术，并积累了宝贵的施工经验。利用高压旋喷桩加固抗土体位移的施工工艺，已成为确保基坑周边距离支护桩较近的建筑物安全的有效方法，此施工工艺将成为行业发展的趋势。

高压旋喷桩施工技术对土体进行加固处理，增强了土体的抗剪强度，减小了土体的位移，减少了支护桩位移对周围建筑物的影响。此施工技术所产生的振动较小，噪声较低，对周围环境的噪声污染较小，减少了对周围居民的影响。

施工过程占用场地面积较小，机械作业范围小，而且可移动，需流水作业的工序可穿插作业，施工便利。能够在不扰动附近土体的情况下对基坑周围土体进行有效加固，适用于任何软弱土层，加固范围具有可控制性，施工灵活。所使用的设备机械操作简单，施工工艺简单，能够有效缩短工期，加快工程进度，减少劳动力投入，从而降低施工成本，提高综合效益。注浆所用的材料主要为水泥和水，必要时加入外加剂，材料成本低，取材范围广。

该技术适用于施工场地较小、工期要求紧、周边建筑物距离基坑较近且基坑深度较大的工程。

4.4.1.2 工艺原理

高压旋喷桩施工技术利用钻机等设备，把安装在注浆管底部侧面的特殊喷嘴置入土层预定深度后，用高压泥浆泵等发射装置，以不小于 25MPa 的压力把浆液从喷嘴中喷射出去直接冲击破坏土体，同时借助注浆管的旋转和提升运动，使从土体上崩落下来的土发生变化，一部分细颗粒随浆液冒出地面，其余土粒在射流的冲击力、离心力和重力等作用下，与浆液搅拌混合，并按一定的浆土比例和质量大小，有规律地重新排列，经过一定时间凝固，便在土中形成圆柱状的固结体，从而达到地基加固的目的。

4.4.2 施工要点

4.4.2.1 工艺流程

高压旋喷柱施工工艺流程见图 4-61。

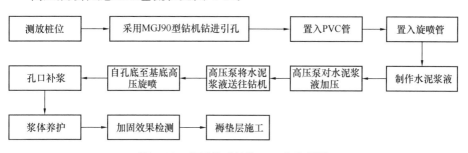

图 4-61 高压旋喷桩施工工艺流程图

4.4.2.2　操作要点

根据旋喷桩点位平面布置图，明确土体加固范围，用经纬仪施放各旋喷桩的中心点位置。施工过程中，要随时复核桩位，以保证桩位准确无误。

用 MGJ90 型钻机钻进砂卵石引孔（引孔穿过下卧的中砂、松散卵石及稍密卵石层）至设计深度，并确保旋喷管到达稍密卵石层。

钻机引孔完毕后，将 PVC 管放入成孔内，PVC 管要抵到卵石层。

将旋喷管放入成孔中，下喷管前先检查、调试气嘴和喷浆嘴是否完好畅通，下喷管时必须垂直对准孔心，以保证喷管提升和旋转，注浆管连接接头应密封良好。下旋喷管过程中须保证喷嘴不被堵塞和钻杆接头处不松动。

采用强度等级 P·O42.5 普通硅酸盐水泥，按水灰比 0.8～1.0 使用搅拌机拌制水泥浆液。水泥浆液搅拌必须均匀，高速搅拌时间不少于 60s，普通搅拌时间不少于 90s，浆液温度宜控制在 5～40℃之间。自制备至用完的时间应少于 4h，超过时间应废弃。

水泥浆液制作完成后，将浆液送入高压泵中，用高压泵对水泥浆液进行加压。

加压完成后，高压泵将浆液送往钻机，准备旋喷作业。

旋喷管放入设计深度，旋喷过程中双管法控制压力不小于 25MPa、转速 18～22r/min 和提速 180mm/min，在邻近桩顶 1.0m 及砂层段位置，慢速提升旋喷桩至桩顶。旋喷作业过程中，须将不断冒出地面的浆液回灌到桩孔，直到桩孔内的浆液面不再下沉为止。出现异常情况，应立即停止喷射作业，待一切恢复正常后，再继续施工。桩顶浮浆及保护桩长度为 0.3～0.5m。

喷射注浆作业完成后，由于浆液的析水作用，一般均有不同程度的收缩，使固结体顶部出现凹穴，要及时用水灰比为 1.0 的水泥浆补灌，直到孔口浆面不再下沉为止。

喷射注浆完成后，对由于析水作用而孔口出现下沉的地方进行填补。填补完成后将钻机移到下一桩位，并对浆体进行养护。

质量检验时间应在高压喷射注浆结束后 14d，检查内容主要为加固区域内取芯试验等。

质量检验点的数量为施工注浆孔数的 2%～5%，本工程一共有 360 根高压旋喷桩，检测数量为 8～18 根之间。质量检测不合格的高压旋喷桩应进行补喷。检验点应布置在下列部位：荷载较大的部位、桩中心线上、施工中出现异常情况的部位。

旋喷桩的检验可采用钻孔取芯方法。钻孔取芯是在已施工好的固结体中钻取岩芯，并将其做成标准试件进行室内物理力学性能试验，检查内部桩体的均匀程度及其抗渗能力。

钻孔取芯是检验单孔固结体质量的常用方法，选用时以不破坏固结体和有代表性为前提，可以在 28d 后取芯。

检验点的位置应重点布置在有代表性的加固区，对旋喷注浆时出现过异常现象和地质复杂的地段也应进行检验。

每个建筑工程旋喷注浆处理后，不论其大小，均应进行检验。检验量为施工孔数的 2%，并且不应少于 6 点。

旋喷注浆处理地基的强度离散性大，在软弱黏性土中，强度增长速度较慢。检验时间应在喷射注浆后 28d 进行，以防固结体强度不高时，因检验而受到破坏，影响检验的可靠性。

建筑地基旋喷施工完成后，平整场地，进行表面处理（包括清理桩头等），在表面铺设一层 200mm 厚的级配良好的天然砂卵石，用 18t 振动压路机碾压密实，压实后的褥垫层厚度与虚铺厚度之比不得大于 0.90。

（1）基坑加固前基坑变形量

根据本工程基坑支护设计计算，基坑桩后坑顶土体加固前，基坑东侧、基坑西南侧坑顶最大变形量分别为 22.03mm 和 22.04mm，如图 4-62、图 4-63 所示。

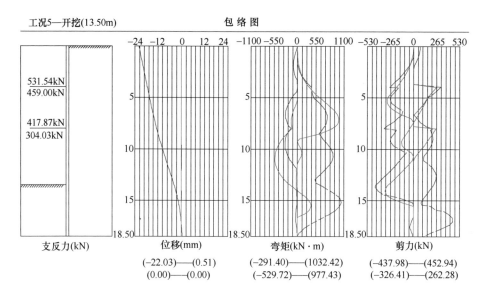

图 4-62 加固前基坑东侧桩位移内力包络图

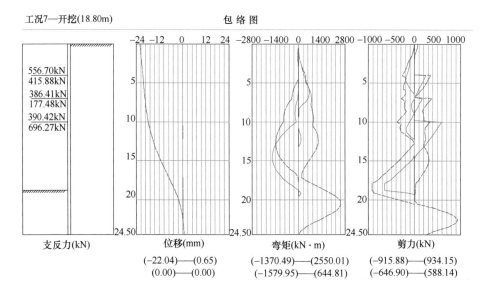

图 4-63 加固前基坑西南侧桩位移内力包络图

（2）基坑加固后基坑变形量

通过高压旋喷桩对基坑桩后坑顶土体加固，加固后重新进行基坑支护设计计算，加固后基坑东侧及基坑西南侧，坑顶最大变形量分别为 10.09mm 和 18.52mm，如图 4-64、图 4-65 所示。

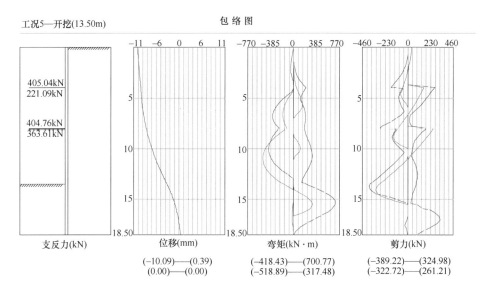

图 4-64　加固后基坑东侧桩位移内力包络图

高压旋喷桩内插工字型钢施工工艺：型钢定位→垂直度校正→涂抹减摩剂→型钢插入→旋喷桩硬化。高压旋喷桩内插工字型钢操作要点：双管法旋喷桩成桩后立即插入工字型钢，时间不超过 3h。型钢插入定位误差，垂直基坑方向不超过 10mm，平行基坑方向不超过 20mm，底部标高误差不大于 30cm，垂直度偏差不大于 0.5%。按定位尺寸安装好导向控制架，开始打入型钢。起吊前在工字型钢顶端开中心圆孔，装好吊具和固定钩，然后用挖掘机或起重机起吊工字型钢，用线坠校核垂直度，必须确保垂直。涂刷减摩剂前需消除工字型钢表面的污垢及铁锈，涂刷时厚薄均匀。在导向沟定位型钢上设工字型钢定位卡，固定插入型钢位置，型钢定位卡必须牢固、水平，将工字型钢底部中心对正桩位中心，并沿定位卡徐徐垂直插入旋喷桩桩内（图 4-66）。

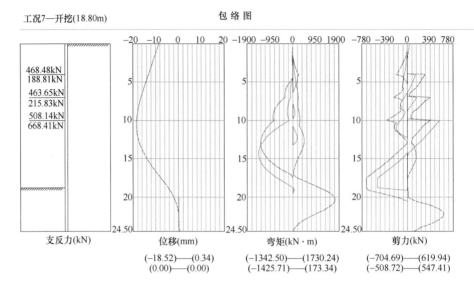

图 4-65　加固后基坑西南侧桩位移内力包络图

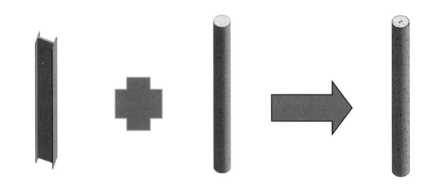

图 4-66　旋喷桩内插工字型钢示意图

4.4.2.3　材料与设备

主要材料见表 4-30。

主要材料表

表 4-30

序号	材料名称	型号	单位	备注
1	水泥	P·O42.5 普通硅酸盐	kg	制备浆液
2	PVC 管	A60	m	护壁、引导

续表

序号	材料名称	型号	单位	备注
3	水	自来水	m³	制备浆液
4	外加剂	10	kg	轨道轨枕
5	工字型钢	10 号	t	插入桩体

主要机械设备见表 4-31。

主要机械设备表 表 4-31

序号	名称	规格型号	数量 （每工作面）	用途
1	工程地质钻机	MGJ90 型	1 台	钻孔
2	旋喷机	MGJ-50	1 台	提升管、旋喷注浆
3	高压注浆泵	SNS-H300 水流 Y-2 型液压泵	1 台	泵送高压注浆
4	空气压缩机	0.8MPa，3m³/min	1 台	输送压缩空气
5	泥浆泵	BW-150 型	1 台	排放泥浆
6	振动压路机	18t	1 台	碾压垫层
7	经纬仪	J2 型	1 台	角度测量、垂直测量
8	灰浆搅拌机	容量 1.5m³	2 台	搅拌水泥浆
9	水准仪	DS2 型	1 台	水平测量

4.5 构造柱铝合金模板施工技术

4.5.1 概述

随着我国的经济高速发展，高层建筑遍地开花，传统的木模板工艺对森林资源的过度依赖已不能适应时代的发展。

随着低碳、节能的理念越来越被社会重视，全铝合金模板得到社会广泛认可。全铝合金模板装配周转方便，结构成型效果好。

市场上尚未有使用铝合金模板对二次结构构造柱支模的做法，率先使用铝合金构造柱模板，并对使用情况汇总整理，逐步形成一套完整的施工技术。

铝合金模板采用整体挤压成型的铝合金型材制作，周转使用达 120 次以上，有效降低了工程成本。

模板采用插销式拼接，操作方便，节约人工；安装简易，一般工人进行简单培训就能进行铝模板安装；混凝土成型质量好，垂直度、平整度精度高；采用铝合金材料代替传统木模，可减少对木材的耗用，节能环保。

本技术适用于各类新建、改建和扩建的民用建筑二次结构构造柱支模。

事先对工程各类型构造柱进行统计分析，合理配置模板尺寸数量，经厂家一次加工成型，反复周转使用。应用系统的支撑、连接装置，将单件的标准化模板组装成所需的构造柱模板，依靠对拉螺栓、插销式拼装及模板的整体刚度形成稳定可靠的模板系统，以满足浇筑要求。

针对簸箕口浇筑完成后剔除困难的问题，作出了部分改进。增加隔离装置，使构造柱混凝土与簸箕口混凝土隔离，拆除模板后仅需将簸箕口混凝土取下即可，免除人工二次剔槽。

4.5.2 施工要点

4.5.2.1 施工工艺流程及操作要点

构造柱统计计算及编制料单：构造柱铝合金模板施工工艺流程见图 4-67。

对图纸进行优化，绘制构造柱布置图。对绘制完成的构造柱进行统计分析，逐层统计构造柱高度及尺寸。对出现最多尺寸高度的构造柱进行排板分析，制作标准构件，以方便仅需替换个别板即可适用不同尺寸的构造柱。如 3.1m、3.2m、3.3m 的构造柱高度，仅需制作 1.3m、0.4m 及 0.3m 的标准构件即可完成拼装，其他尺寸也可通过排列组合重组为适合的尺寸。为保证构造柱加固受力合理，有效模板宽度不应小于 400mm。

铝模板制作及运输：厂家对照料单进行加工制作，模板采用整体挤压成型的铝合金型材制作，四周采用 8mm×60mm 铝合金框焊接固定，横向采用 40mm×30mm 铝合金方钢背棱每 300mm 一道进行支撑加固，有效保证模板刚度，在使用过程中不会发生形变。

车辆运输时，各个不同尺寸构件分类堆放，以方便后续使用。

运输至现场后，对模板进行检查，对尺寸、外观、模板刚度进行检查。

构造柱钢筋等验收完成：墙体质量、构造柱马牙槎及构造柱须经监理验收后方可支模。验收前将构造柱内落地灰清理干净，钢筋按图纸要求绑扎完成，马牙槎按要求粘贴海绵条后，上报监理验收。

铝合金模板拼接：确定好构造柱高度后，对现场模板排列组合，模板各节采用插销式拼装，在每节模板的四周均有间距 50mm、厚 20mm 孔洞，拼装时将模板边孔对齐，用插销插入孔内连接。

竖向模板安装：为防止边缘漏浆，模板接触面一侧边缘粘 20mm 宽海绵条。

模板横向采用双木方加对拉螺栓进行加固，距地 300mm 第一道，向上每 1000mm 一道，以保证模板稳固不变形、浇筑过程不出现漏浆胀模现象。

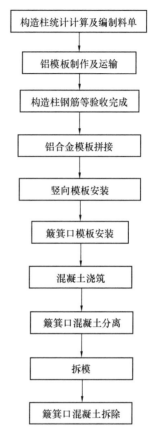

图 4-67 构造柱铝合金模板
施工工艺流程图

簸箕口模板安装：顶部模板采用带成品簸箕口的模板进行支设，簸箕口两侧侧板也采用插销式拼装。簸箕口与二次结构墙体接触一面配隔离板，浇筑完成后，可将隔离板用锤子敲击插入簸箕口位置，使簸箕口位置混凝土与构造柱混凝土隔离。

混凝土浇筑：浇筑中应采用 30 号振动棒对混凝土振捣，以保证振捣密实，外侧使用皮锤等辅助振捣。

簸箕口混凝土分离：浇筑至簸箕口顶部时，采用小锤将隔离板从簸箕口侧面敲击入簸箕口，使簸箕口内混凝土与构造柱内混凝土隔离，以方便拆除时直接取下簸箕口位置三角形混凝土。

拆模：混凝土达到拆模强度后，拆除模板。应及时清理拆除后的模板，剔除铝模表面流浆等并集中堆放，及时收集插销。

簸箕口混凝土拆除由于采用隔离板将簸箕口与构造柱混凝土进行了隔离，拆模完成后可直接将簸箕口内混凝土拆除，取出隔离板，对构造柱进行简单维护即可。

4.5.2.2　材料与设备

材质性能表和主要机具设备表见表 4-32、表 4-33。

材质性能表　　　　　　　表 4-32

序号	项目	规格、型号	制造工艺	检验项目
1	构造柱铝模	400mm 宽铝合金模板	工厂专业设备生产	规格尺寸、表面质量、力学性能指标

主要机具设备表　　　　　　表 4-33

序号	设备名称	规格型号	单位	数量
1	手持电钻	美耐特 MNT070012A	台	4
2	钢筋撬杠	—	把	4
3	附墙式平板振动器	FZSZDQ-01	台	4
4	皮锤	—	个	10
5	混凝土振动棒	ZDQ-01	台	4
6	钢筋钳	—	把	10

4.6　多层钢结构双向滑动支座安装技术

4.6.1　概述

4.6.1.1　概念

近年来，有些建筑为满足使用要求，需将一座或几座中、高层混凝土建筑采用通道连接，形成一个楼层中互相连通的整体。混凝土结构脆性较大，无法满足大跨度通道连接。而钢结构具有轻质高强、塑性和韧性好、制作简单、工业化程度高、施工周期短等特点，于是钢结构连廊应运而生，应用越来越多。通道两端与主楼之间不允许采用刚性连接，有抗震要求的建筑结构，需充分考虑地震来临时的变形及相对滑动位移量。采用滑动支座的连接方式可以很好地解决这一问题。该技术安装工艺简单，施工周期较短，是一种理想的钢结构抗震连接方式。

滑动支座可双向滑动，能很好地满足上部结构各种荷载（如恒载、活载、风载、地震作用等）所产生的位移。滑动支座可承受拉、压、剪（横向）力，在巨大的随机地震作用下，只要上、下结构本身不破坏，由于此种支座存在就不会发生落梁、落架等灾难性后果（一般来说，支座是个薄弱环节，在强大的地震作用下，极易发生落梁或落架，而此种支座的强度和延性均高于结构本身），故特别适用于高烈度地震区的防震设防。滑动支座与其他支座（如板式橡胶支座、盆式橡胶支座等）相比，静刚度大，在力的作用下仅产生极微小变形。滑动支座通过球面传力，受力面积大，并采用多种材料的优化组合，故与其他铰结构支座（如摇摆支座、辊轴支座等）相比，体积、高度和重量均大大减小，便于安装。造价比同样承载力的钢支座低。滑动支座适用温度范围大（－40～70℃），耐久性好；不采用橡胶承压，不存在橡胶老化对支座转动性能的影响；适用于大跨度钢结构通道走廊两端、桥梁等与混凝土结构连接的支座部位。

4.6.1.2 原理

滑动支座由上盖、中芯、橡胶密封圈、底座、聚四氟乙烯板、不锈钢滑板、工艺连接板、减震装置、箱体组成（图4-68）。聚四氟乙烯板作为滑动面，地震时，依靠滑动支座的滑移来抵消钢梁与混凝土之间产生的相对位移，降低直接作用在建筑物上的地震作用及层间变形。

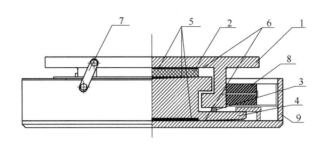

图 4-68 滑动支座示意图

1—上盖；2—中芯；3—橡胶密封圈；4—底座；5—聚四氟乙烯板；

6—不锈钢滑板；7—工艺连接板；8—减震装置；9—箱体

4.6.2 施工要点

4.6.2.1 流程及操作要点

（1）工艺流程

施工准备→预埋板安装→复测预埋板标高→预埋板处理→测量定位、放线→吊装、就位→临时固定→吊装钢梁→与钢梁焊接→上部楼板混凝土施工→支座与预埋板焊接→涂刷防锈漆及防火涂料→打开限位装置（工艺连接板）→维护保养。

（2）操作要点

由于滑动支座内部较为精密，故验收需在加工厂内进行。验收时需厂家提供制作滑动支座的钢材及核心部件聚四氟乙烯板等材料的检验报告，提供滑动支座的合格证及滑动性能检验报告，最终需三方验收合格后方可运至现场。

整个运输、贮存、保管、安装及养护期均应采取防水、防潮、防火措施，以免内部进水、受潮、生锈或高温破坏内部质量。现场不得拆卸滑动支座，以免灰尘、水、异物、潮气和脏物进入支座内部，现场无法修补。采用滑动支座时，支撑台座的混凝土强度等级不得低于 C35，特殊情况需征得设计单位同意。

滑动支座需在水平面安装，并与水平面钢板焊接。故需在安装的平面预埋钢板，最常用的做法为以浇筑混凝土牛腿作为支撑平面，并在牛腿上预埋尺寸符合设计要求的钢板（钢板厚度不小于 20mm）。预埋钢板的安装准确性对之后滑动支座的安装影响较大，故需作为一个质量控制点加以重视。一般步骤如下：

按照结构图所示标高测量放线，将牛腿位置标示清楚。按照标高所示绑扎钢筋，需严格按照图纸要求控制钢筋间距，以便于之后预埋板、预埋筋的插入（图 4-69）。

放置预埋钢板，标高调整完毕后将钢板预埋钢筋与牛腿钢筋点焊，并用铁丝与牛腿钢筋绑扎在一起，以防止偏位（图 4-70）。支设牛腿模板，浇筑混凝土前对预埋板的标高再次复测，确保无误。

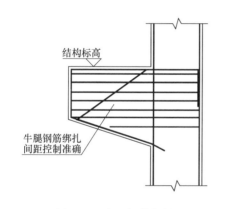
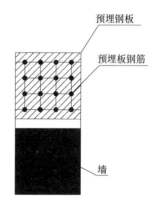

图 4-69　牛腿钢筋绑扎　　　　　图 4-70　牛腿预埋钢板

必须保证两端牛腿在同一标高位置，同一层有多个牛腿支座进行支撑时，则需本层所有牛腿在同一标高。标高绝对误差小于 3mm。

滑动支座需与结构预埋钢板焊接，故需去除钢板浮浆、铁锈等，安装前要仔细检查，防止残留的浮浆、铁锈等影响焊接效果。除锈等级应达到 St 2.5，如预埋板平整度不够导致支座板与预埋板不密合，需用楔铁楔紧后再用高强、早强、微胀灌浆料（如 RG 灌浆料）或环氧砂浆灌浆灌缝，待固化后再焊接牢固。四角和中心相对误差小于 0.1%，且应小于 1.5mm。

将经纬仪架设于所要定位支座对面的楼层板上，按照设计图纸找到轴线位置，由轴线将控制线引至测量牛腿所在的竖向墙面，然后将纵向控制线从立面引至牛腿表面，并在预埋钢板上用墨线弹出。然后在牛腿上弹出图纸上标明的滑动支座底板尺寸，按照支座上标示的 X、Y 方向在预埋钢板上标示清楚(图 4-71)。

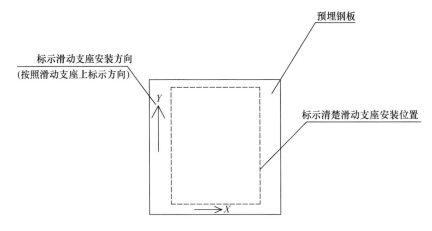

图 4-71　支座位置及安装方向测量定位

吊装前应有坐标位置、绝对标高、四角相对标高误差记录和处理记录，无误后方可进行吊装。

采用塔式起重机或者电葫芦吊装，在滑动支座的箱体两侧预先焊接四个钢环吊耳，上盖和底座的连接板不得作为起吊支座和安装的吊点。吊装时需进行调平，保证吊至标高位置时滑动支座底座与预埋板平行。待吊至指定位置后对准预埋板上的定位标志下放，仔细检查四个方向均没有不密合处方可解除缆绳。之后采用人工进行位置微调，使支座与设计的位置吻合。

滑动支座就位后，为防止安装钢梁时碰撞接触发生位移，需与预埋钢板点焊作为临时固定。

钢梁需采用塔式起重机吊装，吊装前需对滑动支座的上盖板进行清理，以保证表面平滑、无锈蚀。吊装钢梁时需有信号工进行指挥，吊至指定位置附近时需在上空稳定后再下落，防止钢梁摆动碰到滑动支座造成支座移位或者滑落。待钢梁稳定后，需人工用缆绳拉住钢梁两端缓缓下落，尽量减小钢梁的摆动。放至滑动支座前，需进行仔细调整定位，保证一次成功落下。

为防止滑动支座与钢梁发生滑移，待钢梁吊装完毕后需将滑动支座的上盖板与钢梁的下翼缘板焊接在一起。焊接时必须对四个边进行剖口满焊。

按照设计要求进行钢梁上压型钢板等铺设，并绑扎钢筋浇筑混凝土楼板。浇筑楼板时需注意：混凝土泵管不得与钢梁固定，以防止低频振动使钢梁及支座位置改变。

全部恒荷载到位后，待达到或接近全年平均温度时，再将支座底板与预埋钢板焊接牢固，如施工期较长，可能遇到强风，则事前将临时焊接点需固定牢靠，足以抵抗临时载荷，以免施工期内出问题。最终焊接前应先打开临时焊接点，全部恒荷载到位、变形稳定后，才能将支座与预埋板焊接牢固。

焊接时应采取降温措施（用湿布分时、分段焊接或跳焊），以免烧坏橡胶密封圈。湿布应放在焊缝和橡胶密封圈附近。一般温度控制在 300℃ 以下，时间不得超过 5min。同时，要防止支座钢体过热，以免烧坏聚四氟乙烯板。焊接采用的焊条应与母材相适应，即焊条强度应高于母材，如母材碳当量较高，需按焊接规范采取特殊措施。一般工程采用 50 系列焊条，根据底板剖口尺寸连续满焊。焊缝等级为三级焊缝。焊缝应采用多道分层焊接，每层焊后用小锤敲打，去除焊药并释放焊接应力。焊前必须经过焊接工艺评定，焊工考核合格后，方可上岗正式施焊（图 4-72）。

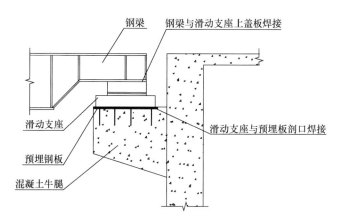

图 4-72 滑动支座安装示意图

滑动支座出厂时已涂刷防锈漆及防火涂料，施工完毕后需对所有焊口位置及预埋板涂刷两遍防锈漆，并喷涂防火涂料。

全部滑动支座安装就位并焊接后，再拆除支座上盖与底座间的工艺连接板，使支座能自由滑动。

（3）维护保养

1）滑动支座使用期间每年定期进行一次检查及养护。

2）检查支座橡胶密封圈有无龟裂、老化。

3）检查支座相对位移是否均匀，逐个记录支座位移量。

4）清除支座附近的杂物及灰尘，并用棉丝仔细擦净表面的灰尘。

5）校核并定点检查支座高度变化，以便校核支座内聚四氟乙烯板的磨耗情况，当支座变化高度超过 3mm 时，应拆除橡胶密封圈，检查聚四氟乙烯板的情况。

6）定期对支座钢件进行油漆防锈处理。

4.6.2.2　材料与设备

（1）主要材料

KZQZ-800-BWK 型滑动支座、E50 系列焊条、2mm 厚 Q235 钢板、RG 灌浆料、防锈漆、防火涂料。

（2）主要设备

塔式起重机或电葫芦、力矩扳手、普通扳手、电焊机、经纬仪、卷尺、靠尺、安全带、缆绳、喷枪、搅拌机、压力注浆设备等。

4.7　多曲神经元网壳钢架加工与安装技术

4.7.1　概述

神经元钢架采用单层矩形钢管作为主体，支座节点为钢牛腿与原结构钢挑梁连接。经过深化设计将整体网壳曲面结构、内部镂空神经元造型的结构拆解为若干个单元构件，将弧度各异的单元构件切割完成后，根据运输需要，将单元构件焊接拼装为约 3500mm×10000mm 的加工单元运至施工现场。根据结构特点，采用"现场二次拼装，整体吊装"的方法，将运至现场的加工单元地面焊拼为安装单元，然后用汽车起重机起吊安装（图 4-73）。

待安装单元初步定位后，先焊接固定单元的一端，再用手拉葫芦调整位置达到误差要求后，将安装单元端部与脚手架临时固定，然后按照既定的焊接顺序满焊牛腿和所有对接端口，将该吊装段的构件焊接固定。每个吊装段的整体安装顺序为先下后上，

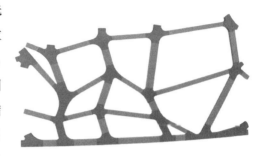

图 4-73 拼接单元示意图

拼装完一个吊装段后再依次进行下一个吊装段的施工。

神经元是具有长突触的细胞，形态纷繁复杂，首都医科大学附属北京天坛医院迁建工程 A1 楼以神经元脉络为灵感设计建筑的外装饰造型。多曲神经元网壳钢架整体为曲面，镂空为弧度各异的不规则曲线，这种造型制作要求精度高、装饰效果华丽大气。本工程设计阶段只对主要参数和构件形式提出要求，工程实施过程中解决精度的把控和细部处理等难点，以钢架拼焊的形式展示神经元脉络的建筑外装美，具有较强的技术竞争性和排他性（图 4-74）。

钢结构具有可拆解拼装、施工周期短、环境污染少、能实现各种独特造型等综合优势，且符合降低成本、降低施工难度的基本规律，因此选择以钢架安装的方法实现外装饰神经元的造型。该技术难点在于神经元钢架二次深化设计、单元钢构件制作精度的控制、钢牛腿准确定位以及单元构件的安装连接。

神经元造型复杂、不规则，没有标准构件，设计、加工、安装精度要求超高。深化设计必须通过三维建模，确定每个构件的几何尺寸，每个节点的定位坐标和角度。工厂加工异形半成品后，必须进行精确的预拼装，对深化图纸和加工精度进行严格的二次检验和校正，减少现场施工难度，提高安装效率。现

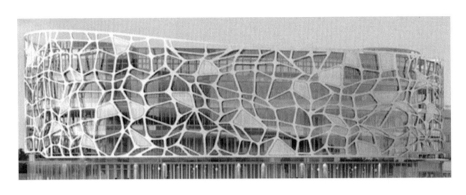

图 4-74　神经元装饰钢架立面效果图

场安装前地面拼装的胎架、起拱、焊接变形精度控制和校正是重点控制程序。高空整体安装过程中的测量精度控制是保证最终实现设计造型的关键所在。该技术适用于造型复杂，采用单层矩形管网壳结构的外装饰钢架工程。

4.7.2　施工要点

4.7.2.1　工艺流程

工艺流程见图 4-75。

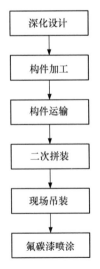

图 4-75　工艺流程

4.7.2.2 操作要点

利用 CAD、BIM 软件绘制神经元钢架工程二维及斜剖面三维施工图、细化节点做法。考虑加工制作及运输需要，对架体材质、杆件尺寸、单元构件的拆解位置、悬挑牛腿尺寸等进行深化设计（图 4-76～图 4-80）。

神经元钢架竖向杆件截面为 400mm×125mm×6mm，水平向杆件截面为 250mm×125mm×6mm，钢材材质均为 Q345B。

单元构件拆解原则：单片加工单元尺寸约为 3500mm×10000mm。

每榀钢架均给出起拱高度，便于加工厂制作加工胎架。

神经元钢架距玻璃幕墙 1650mm，在原有结构上伸出钢牛腿固定神经元钢架，牛腿截面为（500～250）mm×200mm×12mm×16mm。

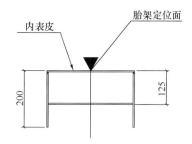

图 4-76　杆件剖面示意图

图 4-77　支座节点大样图

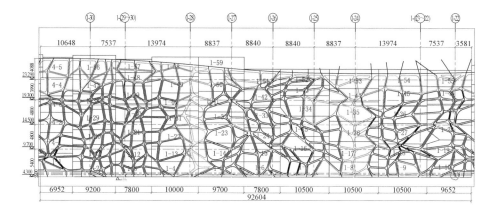

图 4-78　某加工单元拆解位置图

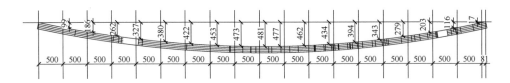

图 4-79 某加工单元起拱平面投影

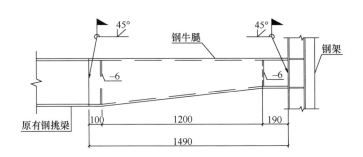

图 4-80 悬挑牛腿连接示意图

4.7.2.3 加工准备

（1）材料准备：验收钢构件的原材材质为 Q345B，检查油漆的名称、型号和颜色等。

（2）仪器准备：检查测量仪器、计量工具的精度，确保满足使用要求。

（3）人员准备：对操作工人进行技术交底、岗位培训。

（4）胎架准备：根据深化设计起拱定位图，预先采用 102mm×5mm 的圆钢管在已经抄平的地面制作胎架。胎架底座与拼装场地混凝土地面的预埋件连接，使胎架形成一个刚性体，并在胎架支撑体处设置调节机构，以保证钢构件在拼装时的精度。

（5）工艺准备：通过动画模拟、样品制作模拟优化工艺流程，确保加工质量和效果。

（6）抛丸除锈：

1）对钢板进行边缘加工，去除毛刺、焊渣、焊接飞溅物及污垢等。

2）抛丸除锈，用毛刷或干净的压缩空气清除表面锈尘和残余磨料。

3）启动真空吸砂机进行表面清理，即吸丸、吸尘，全面清除钢材表面的灰尘和杂质。

4）如在涂底漆前钢板表面已返锈，需重新除锈；如果返锈不严重，可只进行轻度抛丸处理，经清理后，才可涂底漆。

（7）板材矫正：进入车间施工的材料应平整，且无弯曲变形、损伤缺陷，否则应进行矫正或剔除。采用机械或火焰矫正的方法，火焰矫正的加热温度一般不得超过650℃，低合金钢材料严禁用水激冷。

（8）底漆喷涂：

1）除锈验收合格后，在3h内（车间）涂完第一道环氧富锌底漆。

2）使用前，必须将桶中的油漆充分搅拌均匀。

3）工厂内涂装，采用高压无气喷涂机喷涂，环境温度和相对湿度应符合涂料产品说明书要求；车间内应保持环境清洁和干燥，防止已处理的涂件表面被灰尘、水滴、焊接飞溅物或其他脏物粘附在其上面而影响质量。

4）采用漆膜测厚仪测量漆膜厚度，严格控制厚度，使涂料发挥最佳性能，按被涂物体的大小确定厚度测量点的密度和分布，然后测定漆膜厚度，厚度未达到要求时必须补涂，以保证干漆膜的厚度。

（9）下料加工：

1）放样：放样作业依据施工详图进行，放样时必须认真核对图纸，加放焊接和铣削的加工余量并作出标记。

2）切割、铣削加工：按照深化图纸要求切割神经元节点及钢板带，采用等离子切割技术，在CAD软件上画出需要的板块规格尺寸，再将电子图纸输入德国进口等离子数控切割设备的电脑里，设定参数后进行切割（图4-81～图4-83）。

① 首先将钢板吊上切割平台，放置时应调钢板边缘与轨道平行。并应调整钢板表面水平，保证切割时割嘴到钢板表面距离偏差控制在3mm以内。

② 调整割嘴与钢板的距离（10～15mm），并确认割嘴中心与切割线对正。

③ 切割时，根据切割焰心对割嘴位置进行调整，使焰心与切割线对齐。

④ 切割开始后，检查零件宽度是否符合要求，检查切割面有无切割缺陷，当有缺陷产生时，应及时调整切割工艺参数。

⑤ 切割完工后清理切割件，合格后对零件进行标记，内容包括工程名称、零件编号、规格、材质、钢板炉批号，标志位置距条料端头 500mm 处。

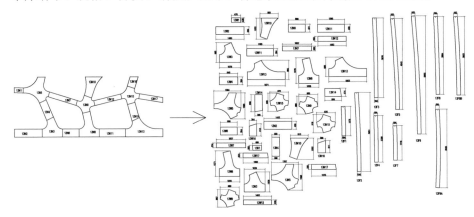

图 4-81　加工单元下料排板图

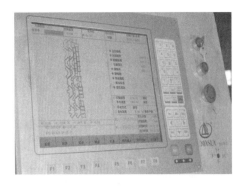

图 4-82　数控切割设备

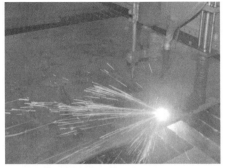

图 4-83　数控操作设备

坡口制作：板材用半自动切割机进行坡口的制作，坡口的尺寸应符合深化设计要求。

（10）焊接组装加工单元：

1）构件装配时先确认组装用零件的编号、材质、尺寸、数量和加工精度等是否符合图纸和工艺要求。装配用的平台和胎架应符合构件装配的精度要求，并具有足够的强度和刚度，经检查验收后才能使用。

2）组装前焊缝两侧的铁锈、氧化铁皮、油污、水分应清除干净，并显露出钢材的金属光泽。

3）底板上胎架。单元拼装时，需利用高精密测量仪器，分别测控各个节点的三维坐标并根据测量数据设置胎架。根据每榀钢架起拱高度的不同，制作不同的胎架，把焊接完成的底板放于加工胎架上（图 4-84）。

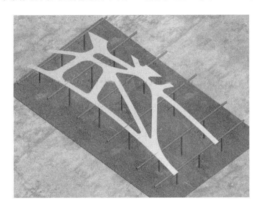

图 4-84 底板上胎架

4）腹板组立。腹板条采用人工组立，先定位焊。定位焊焊缝长度为 40～60mm，焊道间距为 300～400mm，并应填满弧坑，定位焊焊缝不得有裂纹（图 4-85）。

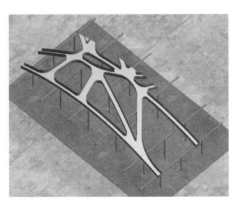

图 4-85 胎架上焊接

5）施焊（图 4-86）。

① 施焊前，焊工应检查焊接部位的组装和表面清理的质量，不符合要求处应修磨补焊合格后方能施焊。

② 如果坡口组装间隙超过允许偏差，可在坡口单侧或两侧堆焊、修磨使其符合要求，但当坡口组装间隙超过较薄板厚度的 2 倍时，不允许用堆焊的方法增加构件长度和减小组装间隙。

③ 采用夹具组装时，拆除夹具时不得损伤母材，对残留的焊疤应修磨平整。

图 4-86　施焊组装

（11）构件涂装：

1）加工完成后，焊缝处先进行打磨除锈。

2）对于边、角、焊缝、切痕等部位，先涂刷一道底漆，以保证凹凸部位的漆膜厚度。然后按照"底漆喷涂"的涂装方法、要求和步骤实施两道环氧富锌底漆喷涂。

3）随后，喷涂两遍环氧云铁中间漆。

4）最后，喷涂两遍氟碳面漆，氟碳面漆选用 725L-X52-3 亚光面漆。

5）漆膜总厚度达到 $180\mu m$，每一道涂料均采用超声波涂层测厚仪检测厚度。

6）对如下工厂不油漆的部位，先用易清除的胶布或用纸板角将其包裹隔离后，再进行喷涂：

① 工地焊接处，在焊接线两侧各 100～200mm 范围；

② 预定实施工地超声波检查部分；

③ 构件与混凝土接触面。

（12）悬挑牛腿加工：钢牛腿在加工时预留了 75mm 的偏差量，安装时利用外幕墙脚手架临时固定，挑梁端部采用 100mm×40mm 钢管临时固定。完成以后，现场测量放线，校对牛腿的标高及轴线位置，根据测量结果，切除多余材料，保证钢牛腿的稳定性与位置准确性。

4.7.2.4　构件运输

由于运输对象为幕墙外钢结构构件的加工单元，拼装单元数量多，且形状不规则，平面内呈弧形，所以构件运输难度大。考虑经济性和便利性，采用公路作为主要的运输方式，选择汽车作为运输工具。

（1）构件运输的准备工作：

1）构件运输前，给每个加工单元做好标签，标出采购号、提货号、工程名称、承包人名称、材料及大致重量等。

2）现场附近踏勘，落实构件运输到现场二次拼装的临时场地及相应的资源。

3）为了确保构件在运输过程中不损坏、不变形，在钢构件末梢端，用30mm 厚、60mm 宽 Q235 钢条作临时支撑，焊接加固加工单元（图 4-87）。运输时每车装 2～3 片加工单元，加工单元之间用木方作垫块间隔，采用绳子绑扎固定。

4）编制科学、合理的钢构件运输进度计划，密切配合组装、拼装、安装的进度，在确保进度要求的同时，减少中间二次运输，确保运输过程的合理性和经济性。

（2）钢构件的搬运和装卸：

1）构件在厂内使用起重机和铲车搬运和装卸，起重机工应经过专业培训、持证上岗，装卸、搬运要做到轻拿轻放，确保搬运、装卸过程中人员、构件、周围建筑物及其他装备设施的安全。

2）在施工安装现场使用汽车起重机搬运和装卸所有构件，严禁自由卸货。

图 4-87　焊接钢条作临时支撑以防止变形

3）施工现场按照规定的地点堆放，在搬运过程中不要混淆各构件的编号、规格，做到依次合理、及时准确。

（3）钢构件的堆放：

1）合理布置堆放现场，便于安装搬运，按照安装使用的先后次序进行适当堆放。

2）按构件的形状和大小堆放，底部用垫木垫实，确保堆放安全、构件不变形。

3）钢牛腿等零构件卸车后直接由人工搬运至每个楼层堆放。如果在室外集中堆放，则底部用垫木垫高、外部用塑料布覆盖，做好防雨雪措施。

4）现场堆放必须整齐、有序，标志明确，记录完整。

（4）交货及验收：

1）所有构件都在施工现场验收。检验标准采用设计要求和国家相关标准规范。

2）产品外部应有字迹清楚的识别标志。

3）材料到货后，经检验发现损坏或不符合设计要求和国家相关标准规范要求时，应进行修整或更换。

4.7.2.5　二次拼装

（1）现场准备：构件运到现场后，根据场地情况在建筑物外围不同方向上设置多个拼装现场（图 4-88）。

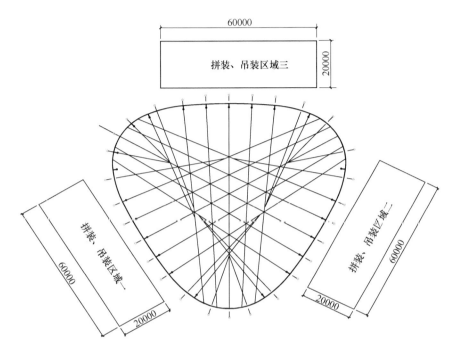

图 4-88　现场平面布置示意图

（2）胎架准备：

1）搭设胎架前，必须用水平仪测量平台基准面的水平度，并做好记录，根据测量数据和实际情况，确定测量基准面的位置，并做好标志。

2）在混凝土地面的预埋钢板上，采用 102mm×5mm 圆管焊接制作胎架，尺寸为 8000mm×12000mm。

（3）材料准备：

1）手工焊接用焊条：Q345 钢，符合标准《热强钢焊条》GB/T 5118—2012 的规定，焊条型号 E506、E507。

2）安装辅材有氧气、乙炔、液化石油气、动力用料、安全维护设施及吊装索具等。

3）准备边角余料和一定数量的整块钢板，用来制作不同厚度的钢板以及一定数量的临时固定挡块和搁置点，必要时还必须现场制作吊耳，或用不同厚度的钢板作垫高标高的埋件。

4）其他消耗用料包括测量标志用料、临时施工易耗品等，根据实际情况采购。

（4）测量定位：神经元钢架杆件为弯扭构件，拼装单元为单扭构件，拼装时，需利用高精密测量仪器如全站仪，分别测控管口翼板（拼装胎架）的三维坐标，通过三维坐标测量仪扫描、测量、重构模型，以确保造型精确。使用夹板临时连接，经校正后再予以焊接。

钢梁定位板对接：为便于网壳钢箱梁（主体结构钢梁）与节点牛腿之间能顺利对接就位，在结构钢梁的对接口处设置定位板，对接就位后，拧紧定位板螺栓，对接接头形式如图 4-89 所示。

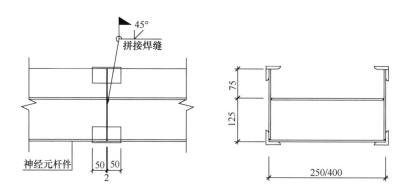

图 4-89　结构钢梁定位板对接

（5）构件二次拼装定位：为了安装时节点能和钢牛腿直接连接固定，需把尺寸约 3500mm×10000mm 的加工单元拼接成宽度大于层高的安装单元，即：第一步安装单元高度需大于层高 4800mm，以后安装单元同 4800mm 层高即可（图 4-90）。施工顺序如下：

1）组拼单元就位时，同时在地面和胎架上设置边线投影对准线，必要时设置其边线引出线在地面上的投影线，通过铅垂投影进行构件的初定位。

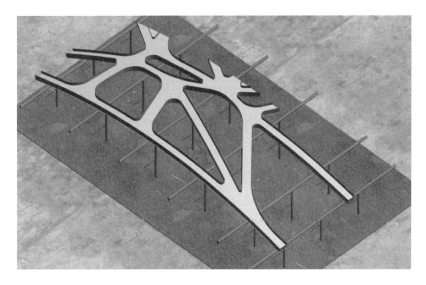

图 4-90　胎架上焊接拼装

2）所有构件采用耳板临时连接，对拼装单元的所有需要组拼的构件全部进行初定位。

3）在胎架外围设置光学测量设备，检测各个基准点和外形线的实际位置。

4）同理论位置进行比较，然后进行构件的精确调整，调至达到误差要求。

5）按照既定的焊接顺序对该吊装段的构件进行焊接固定。

4.7.2.6　现场吊装

（1）施工顺序：根据现有场地情况及神经元钢架特点（钢架三个立面完全对称），神经元钢架与玻璃幕墙同步施工，采取单立面施工技术，即：安装完成一个工作面后，转移到下一个施工工作面，采用同样办法安装固定，以避免施工杂乱无章，施工顺序如图 4-91 所示。

（2）钢牛腿安装：根据神经元钢架的受力模型，每个结构层均设置牛腿与主体结构连接。

1）在钢梁定位板上安装钢牛腿，根据现有脚手架与神经元钢架位置关系，钢牛腿伸出外幕墙脚手架，脚手架横杆妨碍施工时，需进行调整。

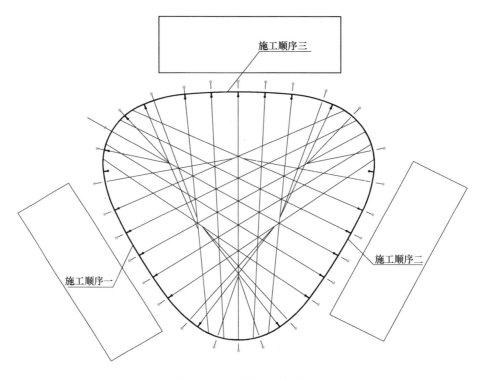

图 4-91 吊装顺序示意图

2）测量放线，校核牛腿标高及轴线位移，牛腿加工时预留了 75mm 的偏差量，根据现场测量结果，切除多余材料。

3）固定钢牛腿（单个牛腿重 170kg），垂直方向采用脚手架固定（个别脚手架需做加固处理），悬挑端部采用 100mm×40mm 钢管固定。

4）同一轴线，钢牛腿均安装完成后，拉钢丝校核牛腿位移，合格后进行端部焊接（图 4-92）。施焊时，设专人看火。

（3）汽车起重机的选择：由于采用高空散拼方案，构件重量均不是很大，选取跨度最大主梁整体吊装计算，主梁整根最重为 1.3t。按照采光顶网壳最高点标高 25m 计，考虑吊装半径为 10～16m（钢平台宽度 10.4m），则选用 25t 汽车起重机可满足其吊装要求（图 4-93、图 4-94）。

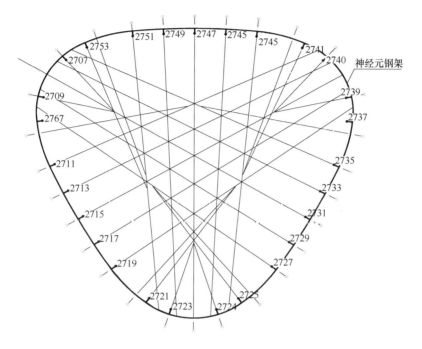

图 4-92　3～6 层每层 27 个支撑点定位图

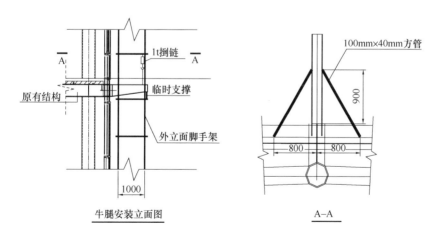

图 4-93　牛腿吊装示意图

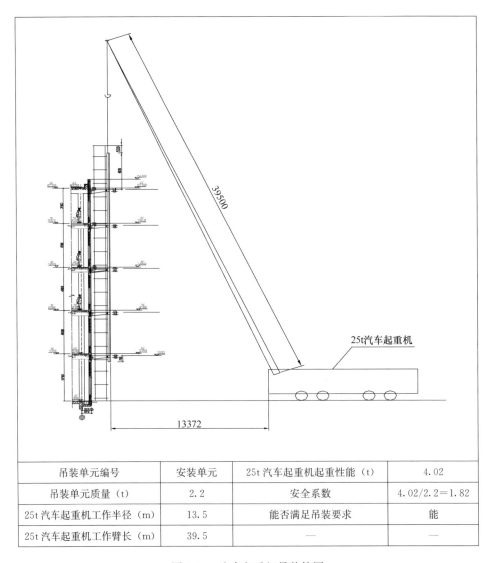

吊装单元编号	安装单元	25t 汽车起重机起重性能（t）	4.02
吊装单元质量（t）	2.2	安全系数	4.02/2.2＝1.82
25t 汽车起重机工作半径（m）	13.5	能否满足吊装要求	能
25t 汽车起重机工作臂长（m）	39.5	—	—

图 4-94　汽车起重机吊装简图

（4）神经元钢架吊装：采用"地面拼装，高空对接"的安装方法，使用汽车起重机吊装安装单元，并进行空中对接。

1）吊点的选择

由于采用高空对接的安装方法，最长单元为角部的安装单元，跨度 13m，高度 6.5m，单片安装单元质量轻，因此可设置 2 个吊点，每个吊点一根吊绳，中部设置一根安全绳，吊索与水平面的角度控制在 45°～60°即可（图 4-95）。

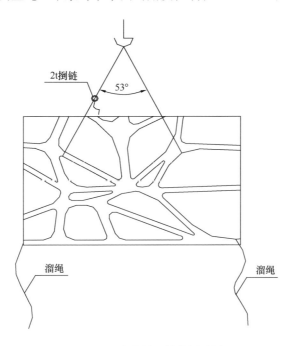

2t捣链

53°

溜绳　　　　　　　　　　　　　溜绳

图 4-95　安装单元吊装图示图

2）吊装工艺

起吊时，在一侧吊绳上绑上捣链，以便于结构就位时调节角度，吊装单元两侧钢梁上设置两道溜绳，以保证吊装单元在起吊摆正过程中的方向控制，防止吊装单元撞到幕墙结构或玻璃。

3）拼装单元高空临时固定

神经元单元安装采用全站仪管口坐标法进行吊装定位测量，每个安装单元落位时均需要反复调整管口位置，操作难度大。为确保安装单元在高空的准确落位，在高空设置可靠的固定及调节措施，即：安装单元吊至设计标高后先不松钩，支撑点挂在已安装完成的钢牛腿上，单元端部的杆件临时与幕墙脚手架固定，测量无误后将节点临时点焊固定。

4）拼装单元满焊固定

待拼装单元定位准确、检查无误后，满焊固定钢牛腿和所有安装单元的对接端口（图4-96）。

图4-96 安装单元固定在钢牛腿上

4.7.2.7 氟碳喷涂

神经元钢架为外露钢结构，防腐处理尤为重要，神经元钢架焊接完成后，所有漆膜碰坏和损伤处，还有需现场安装完成后才能进行补涂的（如现场焊接区的补涂），均需要进行防腐处理，具体工序如下：

修补前先对各部位旧漆膜和未涂区采用砂纸、钢丝刷等方法进行钢材表面处理。

在缺陷四周的漆膜10～20cm的距离内进行修整，刮原子灰腻子一道并找平。

进行氟碳喷涂（亚光面漆），并采用超声波涂层测厚仪检测涂层的厚度。

4.7.2.8 材料与设备

主要材料表和主要设备表见表4-34、表4-35。

主要材料表 表4-34

序号	材料名称	规格	主要指标	用途
1	钢材	Q345B	保证抗拉强度、伸长率、屈服点、冷弯四项要求；保证硫、磷的极限含量；保证碳的极限含量	主材
2	焊条	E506、E507	性能应符合《热强钢焊条》GB/T 5118—2012的规定	手工焊

续表

序号	材料名称	规格	主要指标	用途
3	腻子	原子灰		钢构件表面找平
4	油漆	氟碳面漆（洛阳双瑞）	油漆：固化剂＝5：1；表干时间 2h（35℃）；完全固化时间 5d	涂装
5	砂纸	WOD(500 号)	耐磨度大于 1500 转	打磨除锈
6	焊剂	大桥（1.2）		焊接辅材
7	氧气			焊接辅材
8	乙炔			焊接辅材
9	二氧化碳			焊接辅材

主要设备表　　　　　　　　　表 4-35

序号	设备名称	规格	技术指标	用途
1	汽车起重机	25t	25t	卸车、拼装
2	平板汽车	10t	10t	钢构件运输
3	CO_2 电焊机	CPXS-500		钢构件焊接
4	超声波探伤仪	USL-32、UM2		焊缝无损检测
5	角向砂轮机	JB1193-71		焊缝打磨
6	空气压缩机	XF200		焊接
7	手拉葫芦（捯链）	10～2t		稳定校正
8	千斤顶	40/5t	40/5t	稳定校正
9	照明设备	1000W		照明
10	全站仪	JDZS53-1	经校准，有检测证书	拼装检测
11	经纬仪	博飞 J2	经校准，有检测证书	定位线、长轴线测设
12	水准仪	索佳 C32Ⅱ	经校准，有检测证书	标高测设
13	钢卷尺	5m/10m/30m/50m	经校准，有检测证书	测量

5 工 程 案 例

5.1 协和医院门急诊楼及手术科室楼二期工程

5.1.1 工程概况

协和医院门急诊楼及手术科室楼二期工程，位于北京市东城区王府井帅府园1号，即东城区东单北大街西侧、校尉胡同东侧、煤渣胡同和帅府东街之间，施工场地狭窄，周边环境较为复杂，人员活动比较频繁（图5-1）。

本工程总建筑面积约108744m²，占地面积13462.9m²。其中，地下建筑面积39856.8m²，地上建筑面积68887.2m²。

本工程二期为手术科室楼，分别由8层及11层的手术科室楼、3层过街

图 5-1 协和医院门急诊楼及手术科室楼二期工程效果

楼及连为一体的地下室组成。工程分区：A1区（3～8层手术科室楼）、A2区（11层交通核心）、A3区（3层过街楼）、B区（11层手术科室楼）。各分区楼座间均自±0.000m起设防震缝彼此分开。地下部分由地下车库、设备用房、放射科、中心供应站及管道设备夹层组成。

基础结构采用平板筏形基础，主体结构采用框架-剪力墙结构、钢结构等形式，屋盖采用钢筋混凝土平屋盖。

5.1.2　工程特点及难点

工程体量大，单层面积大。最大单层建筑面积约13500m²，钢筋总用量约10595t，混凝土总用量约65000m³。

设计标准高、科技含量高。本工程设计理念先进，对有特殊要求房间进行了专业设计，如对MRI、DSA、介入治疗、双板DR、单板DRCT等房间进行屏蔽设计，对手术室、中心供应、NICU等房间进行净化设计等。同时为了达到一类高层建筑标准和满足国内外先进医疗设施的使用要求，从设计上采用高标准，其中建筑耐火、地下室防水、剪力墙抗震等级均为一级。

工程位于北京市繁华地区，相邻医院住院部、居民区，工程周边场地较为狭窄，平面布置和物质运输难度大；二期工程与一期工程结构在地下室相邻，涉及土方开挖、垫层、地下室底板及墙体防水、筏形基础、结构墙柱、顶板、地上装修等内容，与一期工程衔接协调难度大。

工程的功能性、舒适性、安全性、智能化程度要求高，机电专业分包多，综合协调难度大；医用设备多，对环境洁净要求高；工程调试是本工程机电安装调试工作的难点。

5.1.3　关键技术

项目应用了酚醛树脂板墙面装饰面层技术，采用双层龙骨与重力自锁连接扣件结合的干挂施工方法。

5.2 北京同仁医院经济技术开发区院区门诊医技病房楼

5.2.1 工程概况

北京同仁医院经济技术开发区院区门诊医技病房楼工程，位于开发区62c1地块，属于开发区核心地段，西侧为开发区主干道荣昌街，北距五环路两公里，南侧为凉水河景观公园，交通便利，环境优雅，是一座集医疗、门诊、护理、科研、教学于一身的大型综合医院，是经济技术开发区基础设施的重要组成部分（图5-2）。

图5-2　北京同仁医院经济技术开发区院区门诊医技病房楼照片

该工程由首都医科大学附属北京同仁医院投资兴建，中国人民解放军总装备部工程设计研究总院设计，北京京兴建设监理公司监理，中建一局集团总承包施工。

该工程总建筑面积71586m²，檐高45.2m，地下2层，地上门诊楼4层、病房楼9层。地下室建筑面积20715m²，主要为车库、餐饮服务及中心供应用房；地上建筑面积 50871m²，分为门诊楼、病房楼两部分；门诊楼的首层至 3 层分别设有大堂、门诊室、洁净手术部，4 层为报告厅、多功能厅、会议室、行政用房等；病房楼 1 层为血液中心、住院部和监控中心，3 层为 ICU 和 CCU 病房，2、4、5、6 层为普通病房，7～9 层为高级病房，楼内共设有电梯 15 部，其中门诊楼 6 部，病房楼 9 部。大楼内部空间以中庭为轴分解成两个相对独立的"区域建筑"，结合中庭顶部采光顶营造出了一个良好的室内医疗环境。

主体结构为框架-剪力墙结构，基础为筏形基础，中庭屋顶为钢网架结构。

该工程机电安装包含强电系统、弱电系统、给水排水系统、通风与空调系统、智能建筑和电梯工程，设置了Ⅰ级、Ⅱ级、Ⅲ级三个不同级别的手术室，并专门设有 ICU、CCU 监控及全景摄像系统。

该工程于 2002 年 6 月 18 日开工，2004 年 5 月 18 日竣工，历时 23 个月。该工程获得了 2002 年度"北京市结构长城杯"金奖、2005 年度"国家优质工程"银质奖等奖项。

5.2.2　工程特点及难点

医院主楼长 129m、宽 114.2m，长度和宽度都超出规范的要求，需要解决剪力墙布置中扭转与温度变形的问题。

本工程结构施工基本在冬季，制约因素较多。医院门诊楼与病房楼轴线不平行，各自呈放射状，造成测量及施工复杂。隔墙全部为加气混凝土砌块，15 万 m² 抹灰面积，防开裂难度大。该院医疗设备多数来自国外，需与国内管线、阀闸门及其他设备连接配套，给安装带来了一定的难度。

5.2.3　关键技术

该工程应用了深基坑支护、预拌混凝土、粗钢筋直螺纹连接、三元乙丙橡胶新型防水卷材、新型模板、补偿性混凝土应用、WB 膨胀止水条、计算机应用、节能保温技术、Low-E 镀膜中空玻璃、消防管道沟槽式机械配管连接、柔性离心铸铁管抱卡连接、内嵌入式衬塑钢管、洁净手术室净化等新技术。

5.3 北大国际医院门诊医技楼等工程

5.3.1 工程简介

北大国际医院门诊医技楼等工程位于北京市昌平区北清路中关村科技园区。该工程由北大国际医院集团有限公司投资兴建，中国电子工程设计院设计，北京希达建设监理有限责任公司监理，中建一局总承包施工（图 5-3）。

图 5-3　北大国际医院门诊医技楼等工程效果图

总建筑面积为 320626m²。其中地下总建筑面积为 74939m²，主要为车库、设备机房、配电室、核医学中心、消毒供应中心、美食街、员工餐厅、卫生间、储藏室、垃圾房等。地上建筑分为门诊大厅和医技楼、住院楼两个部分。门诊大厅和医技楼建筑面积为 127062m²，建筑高度 33.1m，主要功能为医技楼、门诊大厅、诊疗室、员工休息大厅等；住院楼建筑面积为 118625m²，建筑高度为 47.6m，主要功能为病房、配药室、诊室、餐厅、教堂等。

主体结构为现浇钢筋混凝土框架-剪力墙结构，基础结构为钢筋混凝土梁板式筏形基础。设计使用年限为 50 年。

5.3.2　工程特点及难点

筏形基础局部厚达 2200mm，回旋加速器室的墙体最厚达 2025mm，大体积混凝土的施工是重点；混凝土工程施工包括 C50 高性能混凝土及型钢混凝土施工，控制好高性能混凝土和钢骨柱的施工是重点；工程的建筑外形极为复杂，多为圆弧形，地下室体量巨大，测量定位、对施工区域的合理划分以及流水施工成为结构施工的重难点；医院各功能房间用水点、用电点多而且不规则，每个功能科室房间都设有洗手盆及专用插座、照明等，手术室、CT 诊断室、放射治疗室、监护病房等专业性较强的房间均是机电设备安装的重点和难点。

医疗建筑的功能性特点均为施工过程中的重难点，施工过程需要重点控制的内容有：根据医护人员的使用习惯进行设备的合理排布，确定用电点及用水点的准确位置；充分考虑医用设备运输的通道、用电用水负荷的校核、医用设备电源水源的接驳，特殊医用设备采用气体灭火保护等；净化空调系统的材料应严格选择、加工工艺和施工环境应严格控制；避免施工过程中的交叉污染；对设备管道系统运行进行噪声控制等。

5.3.3　关键技术

项目施工中应用了洁净室电气施工技术，给水排水、污水处理施工技术等。

5.4 北医大第一临床医院第二住院部干部外科病房楼扩建工程

5.4.1 工程简介

北医大第一临床医院第二住院部干部外科病房楼扩建工程，由北京医科大学第一医院投资兴建，中元国际工程设计研究院设计，中国国际工程咨询公司监理，中建一局承建，是一栋集医政、病房及办公于一体的现代化医疗综合楼。工程位于北京市西城区大红罗厂街1号，地处市中心，西临西皇城根北街，东临西什库大街，南侧与原医院住院部相连，北侧为全国人大常委会会议楼（图5-4）。

图 5-4 北医大第一临床医院第二住院部干部外科病房楼扩建工程照片

工程总建筑面积 61956m^2，为一类建筑，耐火等级为一级，抗震烈度为 8 度，设防分类为乙类，防水等级为一级。建筑物总长度为 165.6m，总宽度为 64.8m，总高度为 23.97m。地下 2 层，地上 6 层（不含设备层），地下 1 层、2 层为车库、库房、放疗科、热力站及变配电室等设备用房，1 层为大堂、影像中心、药房、检验科、放射科等，2 层为 ICU 区域、中心手术部及两个护理单元，3~6 层各为 4 个护理单元，共计 18 个护理单元。

主体结构形式为钢筋混凝土框架结构。基础形式为柱下梁板筏形基础。地上共 6 层，2 层与 3 层之间为设备层，1、2 层结构为连体部分，3 层以上结构分成两部分，各部分结构设有室外钢连廊。

机电工程包含现代化医院特殊机电系统和建筑物智能化管理系统。除常规分部分项工程外，还包括中心手术室、医疗气体管道、消防系统、智能建筑弱电、中心手术室、屏蔽工程、物流传送系统、消毒供应设备安装与调试、整体卫浴、气体灭火（烟烙尽）系统等特殊分项工程。

合同工期为 2000 年 5 月 8 日至 2001 年 11 月 8 日。工程获得了 2003 年度中国建筑"鲁班奖"等奖项。

5.4.2　工程特点及难点

医院功能要求复杂，机电安装工程方面要求设有闭路电视示教系统、医护呼叫对讲系统、医疗气体系统、物流输送系统等特殊系统。

空调系统采用净化空调、独立空调、全空气空调、风机盘管加新风、四管制水系统、机械排风进风及集中排风系统等多种技术方案。为保证用电可靠，从城市电网引入双路 10kV 电源，并设 750kV 柴油发电机自备电源，重要负荷采用双路电源末端自动切换。

5.4.3　关键技术

项目中采用了预应力技术辅助后浇带及混凝土中掺加膨胀剂等措施，很好地解决了超长结构不设缝的问题；通过采用楼宇自动化系统及电脑电话结构化综合布线系统等实现了建筑的自动化和智能化；为保证安全和卫生，给水系统采用变频泵组从自来水管网直接吸水，排水系统设双立管排水系统及单独专用通气立管，饮用水给水管、热水管采用紫铜管焊接连接，地漏采用补水措施，以防止产生臭味。

5.5 南京同仁医院综合楼

5.5.1 工程简介

南京同仁医院综合楼工程位于南京江宁开发区内，南临城南大道，北临诚信大道，东为宽 24m 的城市规划道路，西侧为宽 16m 的城市规划道路，其地理位置优越，交通便利。该工程由南京同仁实业有限公司投资建设，江苏省建筑设计研究院有限公司设计，马鞍山市科建工程建设监理有限责任公司监理，中建一局总承包施工（图 5-5）。

图 5-5　南京同仁医院综合楼工程照片

工程总建筑面积为 121000m²，地下 2 层，地上 12 层，建筑檐高 55.3m，是集医疗、教学、科研、预防、康复、家庭护理、国际交流为一体的国家级、国际化医学中心。

工程主楼采用框架-抗震墙结构体系，附楼采用框架结构。基础结构采用箱形基础。

合同工期：2004 年 12 月 15 日至 2006 年 3 月 30 日。

5.5.2　工程特点及难点

该工程在单体设计上注重阳光和通风，同时又注重自然景观，功能布局上体现了现代医院的特色，力求以最短的距离、最快的速度、最小的能耗将门诊、住院、医技、设备、停车等各方面复杂的功能有机地联系在一起。

5.5.3　关键技术

该工程应用了防辐射施工技术、智能化控制技术、橡胶卷材地面施工技术等。

5.6　山西省运城市中心医院新院医疗综合楼

5.6.1　工程简介

山西省运城市中心医院新院医疗综合楼，由常吉建筑工程咨询（上海）有限公司、西安利群建筑设计事务所设计，山西省运城市金苑监理工程有限公司监理，中建一局总承包施工（图5-6）。

图5-6　山西省运城市中心医院新院医疗综合楼工程效果图

山西省运城市中心医院新院医疗综合楼，地处运城市红旗西街173号。按三级甲等标准建造，病床位共 1018 张，门诊量 2500 人次/d。地下 1 层，设计考虑平战结合，平时为停车库、设备用房及医疗设备清洁中心；战时局部为地下 6 级人员防护单元及物资防护单元；地下停车位 397 个。该工程包含体检中心、美容中心、VIP 门诊、人员通道、急诊、各功能检查科室、行政办公、多功能厅、会议室等，是全市最大的综合性医院，承担着山西医科大学、长治医学院等教学任务。该医院 2005 年被评为"三级甲等医院"，是原卫生部国际紧急救援网络医院，并被列为全国 500 家大型医院之一。

工程总建筑面积 132000m²，檐高 50.25m，主体结构为混凝土框架-剪力墙结构形式。建筑层数：Ⅰ、Ⅱ、Ⅲ、Ⅳ区为裙楼，分别为 5 层、4 层、4 层、3 层；Ⅴ区为主楼 12 层，局部 14 层。

合同工期：2006 年 9 月 2 日至 2008 年 3 月 14 日。

5.6.2　工程特点及难点

该工程结构较为特殊，工程基础混凝土方量较大，为确保混凝土的施工质量及工程工期，分段施工，一次浇筑方量在 1000m³ 以上。基础底板混凝土需要连续浇筑施工，不允许出现施工冷缝；设计要求周边外墙不得留竖向施工缝，外墙连续浇筑的质量是结构施工的关键。地下室东西向设置有大量的后浇带，后浇带的穿插施工安排对结构工期有重要影响。此外，后浇带的施工清理、新旧混凝土的结合密实度是结构工程的施工重点。

5.6.3　关键技术

该工程应用了给水排水、污水处理施工技术，机电工程施工技术，后浇带施工技术等。

5.7 北京积水潭医院回龙观院区

5.7.1 工程图片

北京积水潭医院回龙观院区位于北京市昌平区回龙观镇规划周庄路与回南北路交会处西南角，南侧为居民区，西侧为一临时空地，北侧为集贸市场，东侧紧邻周庄路。工程由北京积水潭医院投资兴建，北京市建筑设计研究院设计，北京赛瑞斯国际工程咨询有限公司监理，中建二局总承包施工（图5-7）。

图 5-7 北京积水潭医院回龙观院区工程效果图

该工程总建筑面积 68520m²，其中，地下建筑面积 22571m²，地上建筑面积 45949m²。主楼地上 11 层，地下 3 层，裙房地上 4 层，地下 2 层（局部 3 层）。主楼高 46.99m，裙房最高为 19.29m。地下主要为职工餐厅、药剂科、放射治疗中心、核医学、汽车库等；地上为洁净病房、内科门诊、放射科、手术区、行政办公区等以及配套商业设施。

主体结构形式为现浇框架-剪力墙体系；基础结构为筏形基础。

合同工期：2007 年 8 月 9 日至 2009 年 6 月 26 日，共计 688 天。

5.7.2　工程特点及难点

该工程占地面积较大，地下室轴线长度为139.6m，属于超长工程，设计要求周边外墙不得留除后浇带以外的任何竖向施工缝，保证其周边外墙连续浇筑的质量是结构施工的关键之一；基础底板面积大，反梁较多，基础底板需要混凝土连续浇筑施工，保证其浇筑质量是结构施工的关键之二；楼层平面变化较多，控制各楼层标高、定位和垂直度是结构施工的关键之三。最为重要的是对工程测量、放线、定位和测量误差的控制；混凝土工程，特别是对地下部分和特殊部位（如模拟机房、深层治疗室、直线加速器室等）的混凝土浇筑要求较为严格，因此混凝土工程检验和试验非常重要。

该工程除地下车库、众多的常规性用房、功能性房间和设备房间之外，还包括特殊的各类试验室、医用专业库房、制样室、标本室、分析室、各类治疗室、研究室等以及特殊的部位，诸如直线加速器室等，而且墙体结构变化较多、楼内功能分区较多，地面做法、顶棚装修做法、各类门及五金种类和装饰材料繁多，同时，鉴于医院的特殊性，无论结构施工、安装还是装饰施工，都要考虑材料的环保性能，对材料环保标准和档次的确定、材料选型以及施工工艺都提出了很高的要求。

除常规的机电专业外，尤为重要的是现代化医院特殊机电功能（诸如气体管道、净化空调以及手术室、无菌室等特殊功能）和建筑物智能化弱电系统。本工程对机电工程，尤其是智能化弱电系统的二次专业设计、系统功能和设备材料标准档次的确定、材料设备选型和现场安装工艺等提出了很高的要求，同时对材料设备的节能和环保性能提出了特殊要求。

由于本工程实施总包管理，将有众多的专业承包商进行交叉施工，因此如何珍惜代建单位赋予的总包地位，履行总包责任、权利和义务，站在工程全局的角度对各专业承包商进行通盘策划、高效组织、管理、协调和有效的控制，是本工程十分重要和艰巨的任务。

5.7.3 关键技术

该工程应用了机电工程施工技术、智能化控制技术、橡胶卷材地面施工技术等。

5.8 成都市妇女儿童医学中心工程

5.8.1 工程简介

成都市妇女儿童医学中心工程位于成都市青羊区培风村十组，由成都市妇女儿童医学中心建设，中国建筑西南设计研究院、成都市人防建筑设计研究院设计，中建二局承担总承包施工（图5-8）。

图5-8 成都市妇女儿童医学中心工程照片

本工程总建筑面积89136m²，建筑最大高度52.5m，地上12层，地下2层。设有门诊、住院、医技等。1、2层及3层局部为门诊，手术中心设于3

层，4 层为产房及新生儿科，5～12 层为病房，地下 1 层为汽车库、设备用房以及库房。

本工程根据建筑高度、使用要求、设防烈度等因素综合考虑，确定门诊楼、急诊中心、康复中心采用现浇钢筋混凝土框架结构体系，框架抗震等级为二级。医技楼和住院楼采用现浇钢筋混凝土框架-防震墙结构体系，框架抗震等级为二级，防震墙抗震等级为一级。门诊楼、急诊中心、医技楼和住院楼为两层地下室。门诊楼、急诊中心和医技楼地下室为 6 级人防地下室，住院楼为非人防地下室。康复中心、急诊楼、门诊楼和医技楼采用柱下独立基础，住院楼采用筏形基础。结构设计使用年限为 50 年。

5.8.2 工程特点及难点

本工程施工过程中必须进行降水，合理进行降水点的布置，确保地下水位下降到设计要求，成为关键。

住院楼采用筏形基础，厚度达 1.2m，因此筏形基础应按照大体积混凝土施工工艺进行考虑，控制混凝土的温度裂缝是关键。本工程属于超长结构，如何进行地下室外墙混凝土裂缝的控制及做好施工过程中的建筑物沉降控制，成为本工程的难点和重点。

机电安装工程工艺复杂，工程系统设置较多，同时后期插入医疗专业系统工程施工，如何与之配合，更成为施工中的控制重点。

门诊楼入口设计为钢结构，立柱倾斜，加工安装难度较大，因此钢结构的施工质量过程控制是重点。

5.8.3 关键技术

该工程应用了机电工程施工技术、钢结构施工技术、后浇带与膨胀剂综合施工技术等。

5.9 同济医学院附属同济医院住院医技综合楼工程

5.9.1 工程简介

工程位于武汉市解放大道 1095 号同济医院内,由华中科技大学同济医学院附属同济医院建设,广东华方工程设计有限公司中南建筑设计院设计,武汉华胜工程建设科技有限公司监理,中建三局总承包施工(图 5-9)。

图 5-9　同济医学院附属同济医院住院医技综合楼工程效果图

该工程由医技综合楼和交流中心两个工程组成(两个工程业主事先单独报建),地下为 2 层连通体,地上由一座 24 层医技综合楼和一座 18 层交流中心楼组成。

同济医院住院医技综合楼总建筑面积为 97997m²,地上 24 层,地下 2 层。1~5 层为医疗器械检查室和手术室,6~23 层为住院病房,病床数 1200 张。

主体结构为框架-剪力墙结构体系，基础结构为桩承台筏形基础。

同济医院学术交流中心总建筑面积 25690.04m²，地上 18 层，地下 2 层。主要为餐厅、办公室、报告厅、会议室。主体结构为框架-剪力墙结构体系，基础结构为桩承台筏形基础。

5.9.2　工程特点及难点

工程质量要求高。住院医技楼工程质量目标为"合格，争创鲁班奖"，并设立了鲁班奖目标奖金 300 万；学术交流中心工程质量目标为"合格，争创楚天杯"，工程装饰装修档次高，质量创优控制要点多，成品保护要求高。

建筑面积大。总建筑面积达 12.5 万 m²，地下室结构体量大，地下室单层面积近 1 万 m²，工程建设一次性投入大。

业主相当重视。该工程是同济医院建院以来投资规模最大的工程，业主对此工程的期望值也相当高，将其作为同济医院建院 110 周年的院庆"重礼"。

基坑开挖深。基坑大面开挖深度在−10m 左右，局部电梯井开挖深度达−14m，基坑重要性等级为一级，开挖范围内土体多为粉砂层、土体力学性能差、地下水丰富且复杂，基坑周边给水排水管网密布。

基坑距离周边建筑物近。周边各种基础类型的房屋最近不过 4m，最远不过 10m，对整个基坑工程施工过程中为保证周边建筑物的安全提出了较高要求。施工现场可利用空间小，现场总平面布置可用空间有限。

节点工期短，特别是地下室阶段节点工期仅 4 个月，且 4 个月内还包括基坑内支撑、锁口梁结构施工、土方开挖、内支撑换撑拆撑及地下 2 层结构施工，工程任务量大、工期短。

5.9.3　关键技术

工程应用了智能控制技术、机电工程施工技术、总平面布置技术等。

5.10　武汉协和医院外科病房大楼

5.10.1　工程简介

华中科技大学协和医院外科病房大楼是一栋智能化超高层建筑，由协和医院投资兴建，中南建筑设计院设计，中建三局总承包施工（图 5-10）。

工程总建筑面积 74117m²，地上 32 层，地下 2 层。

工程主体采用框架-剪力墙结构体系，主楼采用桩筏基础，裙楼为柱下独立桩基。

5.10.2　工程特点及难点

工程建筑高度大，为 114.2m；总建筑面积大，工程量大；造型新颖，主楼裙楼呈圆弧形；施工质量要求高；基坑开挖深度较大，为 12.9m；工程南临解放大道，西临医院内主要交通道路，人流、车流较大。

工程位于繁华的市中心，要求加强现场安全、文明施工管理，最大限度地减少环境污染和噪声污染，

图 5-10　武汉协和医院外科
病房大楼工程照片

确保正常工作秩序；厚达 2.5m 的超长无缝大体积混凝土施工，采取有效措施防止温度应力的破坏是施工重点之一；四根钢骨柱，单根每层最大质量为 3t，定位、固定、焊接的难度很大；裙楼屋顶曲面钢网架的安装是施工重点之一；

外科病房大楼在防火、智能化方面的要求高，特别是要求土建与安装施工要配合好；工程外形呈圆弧形，施工测量精度要求很高，是施工重点之一。

5.10.3 关键技术

工程应用了后浇带与膨胀剂综合施工技术、曲面屋面系统施工技术、智能控制技术等。

5.11 东莞康华医院

5.11.1 工程简介

康华医院位于广深高速公路石鼓出入口的东侧，用地的北面是南城科技大道，南面是通向东莞城市中心的东莞大道。建筑用地面积为 37.57 万 m^2。由中建八局总承包施工（图 5-11）。

图 5-11 东莞康华医院工程效果图

工程总建筑面积为 27.13 万 m^2，其中医疗区总建筑面积（含地下室）共 22.43 万 m^2，生活区总建筑面积 4.7 万 m^2，地下室建筑面积 3.53 万 m^2。康华医院医疗建筑的主体部分分为门诊部、医技部和住院部。门诊部分为普通门诊和特诊；医技部包含放射科、中心检验科及血库、功能检查科、手术室等；住院部分为 5 个区，各区设有更衣室、仓库、各科病房等。

　　医院门诊部为 3 层，层高 5.0m，建筑高度为 15m，局部 1 层地下室与医技楼地下室相连；医技楼局部 5 层，层高 5.0m，建筑高度为 25m，地下室 2 层；住院部 6 层，层高为 5.0m 和 3.8m，建筑高度 26.4m。门诊部设 1 层地下室，医技楼设 1 层地下室，住院部设 1 层地下室。办公楼建筑高度为 14.0m，为多层框架结构，层高 3.5m。

　　门诊部采用框架结构，住院部采用多层框架结构，医技楼采用无粘结后张拉预应力、无柱帽的板、柱-防震墙结构。

5.11.2　工程特点及难点

　　工程质量等级要求高，质量目标为争创"鲁班奖"。

　　工程涵盖了建筑工程中的所有分部分项工程，技术含量高，专业分包多，对总包单位的管理协调、综合能力提出了较高要求。

　　工程平面曲线优美，立面曲线非常多，施工测量是施工过程的重难点之一。

　　工期要求紧。

5.11.3　关键技术

　　工程应用了外墙保温装饰一体化板粘贴施工技术、多曲神经元网壳钢架加工与安装技术、内置钢丝网架保温板（IPS 板）现浇混凝土剪力墙施工技术等。

5.12　天津泰达国际医院

5.12.1　工程简介

　　天津泰达国际医院工程位于天津经济技术开发区第三大街以北、盛达大街以南，北海西路与新城东路之间，由圣帝国际建筑天津工程有限公司设计，中建八局总承包施工（图 5-12）。

图 5-12　天津泰达国际医院工程效果图

工程总建筑面积 70919.86m²，总体上划分为 3 个区：南侧为医技楼，局部地下 1 层，地上 3 层；中间为病房楼，地下 1 层，主体 12 层，局部 14 层，建筑面积 64839.42m²，建筑高度 53.1m；北侧为后勤楼，地下 1 层，地上 4 层，局部 5 层，建筑面积 6080.45m²，建筑高度 19.2m。

医技楼、后勤楼为框架结构，病房楼为框架-剪力墙结构。无地下室部分的基础为桩基承台基础，地下室部分的基础为梁板式筏形基础。

5.12.2　工程特点及难点

工程的基础是在原有设计桩的基础上进行调整补充后形成的，废弃了部分原桩，存在大量的截桩或接桩问题是施工的重难点之一。

地下室底板厚 1200mm，属于大体积混凝土施工，需要防止混凝土裂缝的产生，合理选择混凝土配合比，严格控制内外温差。

铝合金玻璃幕墙及钢结构玻璃采光顶需要做二次设计，预留预埋构件数量很多，作为总包单位需要密切配合设计单位，及早完成二次设计，满足施工进度的要求。

医院工程中，冷冻机组、组合式空调机组安装是通风空调系统的核心部分，设备安装质量的好坏直接影响设备的运行效果，对通风空调系统的运行质量能否达到设计要求及满足使用功能有重大影响；另外，超级风管的制作在通风空调工程施工中是一项关键技术。

综合布线系统是将通信系统、电视监控系统、消防自动报警及消防联动系统等组成的一个统一的管理系统，是施工重点之一。

5.12.3 关键技术

工程应用了机电工程施工技术、智能控制技术、深化设计技术、后浇带施工技术等。

5.13 合肥京东方医院

5.13.1 工程简介

合肥京东方医院是京东方集团投资建设的首家医院，工程位于安徽省合肥市，其建筑面积为 19.3 万 m^2，结构类型为框架-剪力墙。开工日期为 2017 年 2 月 21 日，竣工日期为 2018 年 12 月 18 日。获奖荣誉：合肥市建筑施工安全生产标准化示范工地、合肥市优质结构、安徽省级观摩工地，北京市建筑业联合会工程 BIM 应用成果认证 BIM 应用 Ⅰ 类，科创杯全国 BIM 竞赛专项组优秀奖，首届优路杯 BIM 竞赛施工组三等奖，全国安装协会安装之星 BIM 大赛一等奖（图 5-13）。

图 5-13　合肥京东方医院工程效果图

5.13.2　工程特点及难点

合肥京东方医院与美国最大的医疗集团开展深度合作，医院整合国内外顶尖医疗资源，建立数字虚拟医联体中心，通过建筑智能化、信息化实现"区域医疗服务病人—家庭医生—社区服务中心—医院"之间的信息共享。

5.13.3　关键技术

工程应用了智能控制技术，给水排水、污水处理技术，将绿色建造理念、BIM 技术贯穿于设计、施工、运维等全生命周期，为打造绿色环保、智能化、数字化医院，提供了医院建设领域全套解决方案。

5.14　山东省肿瘤医院

5.14.1　工程简介

山东省肿瘤防治研究院放射肿瘤学科医疗及科研基地建设工程，位于济南市槐荫区济兖路南侧，现省肿瘤防治研究院西侧，用地面积 54157.15 万 m²、占地面积 85.5 亩、地下建筑面积 14151.76 万 m²、地上建筑面积 73440.55 万 m²、标准层建筑面积 3688.69 万 m²、总建筑面积 87592.31 万 m²。本工程定位为高层公用建筑，建筑内部主要功能为医技、病房、手术室、ICU、中心供应室等。工程设有中央空调、自动喷淋、自动报警、供氧吸引、自动呼叫及监控系统。基础形式为筏形基础、独立基础、条形基础，主体结构形式为框架结构，屋盖结构形式为框架结构（图 5-14）。

图 5-14　山东省肿瘤医院工程效果图

5.14.2　工程特点及难点

IPS 现浇混凝土剪力墙自保温体系。因内部保温板强度较低，外侧 50mm 厚自密实混凝土保护层厚度控制施工难度较大；窗台下部墙体与框架一同浇筑，施工质量控制难度大；保温板两侧混凝土强度等级、混凝土类型不同，施工难度极大。

钢骨柱施工。柱内型钢截面尺寸较大，重量大，安装不便；柱内钢筋密集，箍筋加工复杂，绑扎不便；梁柱节点钢筋处理复杂；柱内型钢的第一节生根牢固，质量要求高；柱内型钢之间的连接质量要求高。

外墙为异形石材幕墙。下料尺寸不精准（易导致拼缝不均匀）；节点复杂，施工难度大；外墙为 IPS 自保温体系，幕墙埋件安装难度大。

机电设备工艺系统复杂。该工程为医疗建筑，功能性、舒适性、安全性、智能化程度要求高；楼内管线众多，包括给水管道、热水管道、通风管道、消防管道、桥架、医用气体管道等。存在走廊、功能房间等部位管线较多，错综复杂，吊顶标高要求高；手术室等医疗房间设备、医疗气体管道众多，安全性、观感质量等要求高等问题。

5.14.3　关键技术

工程应用了给水排水、污水处理施工技术，机电工程施工技术，钢筋绑扎技术等。

5.15　首都医科大学附属北京天坛医院迁建工程

5.15.1　工程简介

首都医科大学附属北京天坛医院迁建工程一标段位于北京市丰台区花乡桥东北区域，工程总建筑面积 267931m²，其中地上 168185m²，3～11 层；地下（连续）99746m²，1～3 层。结构类型为混凝土框架-剪力墙结构、钢结构。地上单体工程包括：专科门诊楼、病房楼、医技楼、医院入口大厅、综合门诊楼、急救急诊楼、康复医学楼等。主要为医疗功能，还包含干部保健、科研、教学等功能。地下部分包含车库、设备用房、中心供应站及管道设备夹层等功能。建筑整体集专科门诊楼、病房楼、医技楼、综合门诊楼、急诊抢救楼、感染疾病科楼、康复医学楼于一身，是一个大型综合医疗建筑。合同工期为 945 日历天，开工日期为 2014 年 04 月 01 日，竣工日期为 2016 年 10 月 31 日（图 5-15）。

图 5-15　首都医科大学附属北京天坛医院效果图

承包范围包括基础、主体结构、建筑装饰装修、建筑屋面、给水排水及采暖、消防、通风空调、建筑电气、弱电工程、电梯工程、室外各工程等设计图纸显示的全部非暂估价工程项目。

奖项荣誉：北京市绿色文明安全样板工地、北京市结构长城杯金奖、2017年北京市工程建设优秀质量管理小组、2017年度全国工程建设质量管理小组活动优秀成果Ⅰ类、钢结构金奖、第四届"龙图杯"全国 BIM 大赛一等奖、The building SMART HongKong International BIM Award 2015、中国建筑业协会中国建设工程 BIM 大赛 BIM 卓越工程项目奖一等奖、北京市建筑业新技术应用示范工程、全国建筑业绿色施工示范工程。

5.15.2　工程特点及难点

（1）未设永久伸缩缝、防震缝和沉降缝。在结构形式上，该工程 10 栋主楼的地下部分被连为一个整体，底板未设永久伸缩缝、防震缝和沉降缝、为防止混凝土产生伸缩裂缝，地下超长结构采用补偿收缩混凝土。

（2）基于医院的特殊性，医疗建筑的抗震设防烈度达到 8.5 度，因此本工程应用了大量的劲性结构，同时，病房楼建筑形式又高又扁，对抗震极为不利，为此，在部分剪力墙连梁上布置剪切型金属耗能器，合理控制结构尺寸，满足了建筑在体型及其功能布置上的各项要求。

（3）由于专科门诊楼建筑体型特殊，所以采用内外双筒加连桥平面布局，属于非常规做法。外筒环向长 220m，属于超长结构。采用钢结构就可以不设缝，实现无缝连接，这大大缩减了审批环节和施工工期。

5.15.3 关键技术

工程应用了机电工程施工技术、气体系统施工技术等。